U0861976

广西全民阅读书系

广西全民阅读书系

寂静的春天

[美] 蕾切尔·卡森 著
吴 虹 译

整本书阅读推荐
八年级 上

广西出版传媒集团 广西科学技术出版社

图书在版编目（CIP）数据

寂静的春天 /（美）蕾切尔·卡森著；吴虹译. -- 南宁：广西科学技术出版社，2025.4. -- ISBN 978-7-5551-2488-7

Ⅰ. X-49

中国国家版本馆 CIP 数据核字第 20250036QF 号

JIJING DE CHUNTIAN

寂静的春天

总 策 划　利来友

监　　制　黄敏娴　赖铭洪

责任编辑　罗　风

责任校对　何荣就

装帧设计　李彦媛　黄妙婕　杨若媛　韦娇林

责任印制　陆　弟

出 版 人　岑　刚

出　　版　广西科学技术出版社

广西南宁市东葛路 66 号　邮政编码　530023

发行电话　0771-5842790

印　　装　广西民族印刷包装集团有限公司

开　　本　710 mm × 1030 mm　1 / 16

印　　张　15.5

字　　数　227 千字

版次印次　2025 年 4 月第 1 版　2025 年 4 月第 1 次印刷

书　　号　ISBN 978-7-5551-2488-7

定　　价　39.80 元

致谢

1958 年 1 月，奥尔加·欧文斯·哈金斯给我写了一封信，告诉我她生活的小镇已经毫无生机，她遭遇的痛苦经历让我再次把注意力放到一个我之前一直关注的问题上。当时我意识到，我一定要写这本书。

自那时起，我得到了许多人无私的帮助和鼓励，在这里无法一一列举。他们来自各个国家的政府机构、大学和研究院，涉及很多职业领域，他们向我分享多年的经验和研究成果。对于他们慷慨付出的时间和分享的想法，我在此表示最诚挚的感谢。

此外，我特别感谢那些抽出时间阅读手稿并根据他们的专业知识提出意见和批评的人。尽管我对这本书文本的准确性和有效性负有最终责任，但如果没有这些专家的慷慨帮助，我无法完成这本书。他们是：梅奥诊所的 L.G. 巴塞洛缪博士、得克萨斯大学的约翰·J. 比瑟勒、加拿大西安大略大学的 A.W.A. 布朗、康涅狄格州西港的莫顿·S. 比斯金德博士、荷兰植物保护局的 C.J. 布里耶尔、罗伯和贝西·韦尔德野生动物基金会的克拉伦斯·科塔姆、克利夫兰诊所的小乔治·克里尔博士、康涅狄格州诺福克的弗兰克·埃格勒、梅奥诊所的马尔科姆·M.

哈格雷夫斯博士、美国国家癌症研究所的 W.C. 休勃博士、加拿大渔业研究委员会的 C.J. 克苏威尔、荒野学会的奥劳斯・穆里、加拿大农业部的 A.D. 皮克特、伊利诺伊州自然历史调查所的托马斯・G. 斯科特、塔夫特卫生工程中心的克拉伦斯・塔斯威尔和密歇根州立大学的乔治・J. 华莱士。

任何一本基于大量事实的书，其作者都有赖于图书馆管理员的专业帮助，我在此向他们表示感谢，特别要感谢内政部图书馆的艾达・K. 约翰斯顿和美国国家卫生研究院图书馆的塞尔玛・罗宾逊。

我的编辑保罗・布鲁克斯多年来一直鼓励我，对于我的多次推迟和延误没有任何怨言，总能及时调整。对于他的宽容以及他专业的编辑能力，我将永远心怀感激。

在繁杂的图书资料研究工作中，我得到了多萝西・埃尔格、珍妮・戴维斯和贝蒂・哈尼・达夫的帮助。写作有时难以为继，我也特别感谢我的管家艾达・斯普罗，如果没有她的帮助，我也无法完成这项任务。

最后，我必须向许多人致谢，尽管我和其中许多人素未谋面，但他们让这本书的写作具有价值。他们最早发声，反对人类轻率、不负责任地毒害与其他生物共享的世界，他们至今依然在各方战斗，这些战斗终将胜利，将给我们带回理智和常识，让我们与周遭的生灵和谐共存。

蕾切尔・卡森

译者序

在当今时代，环境保护的观念已经深入人心，人们也已经意识到人类活动对自然环境的深远影响。然而，在 20 世纪 60 年代，当工业化进程如火如荼、化学技术被广泛应用于农业和工业生产时，大多数人尚未察觉到这种发展可能带来的生态灾难。正是在这样的背景下，美国海洋生物学家蕾切尔·卡森的经典之作《寂静的春天》于 1962 年横空出世。这本书的出版，引起了轩然大波，激发了广泛的社会讨论，唤醒了公众对环境问题的关注与思考。

《寂静的春天》并非一部晦涩难懂的学术著作，而是一本以通俗易懂的语言、生动形象的案例向大众揭示化学农药滥用所引发的生态危机的警示之作。自问世以来，该书便以其深刻的科学洞察和富有感染力的文字，引发了全球范围内的环境保护运动。卡森不仅是一位卓越的海洋生物学家，还是一位富有社会责任感的作家，她以一种近乎诗意的笔触，描绘出一个可能到来的寂静世界——一个本应充满鸟鸣和生命气息的春天，却因人类滥用化学药品而变得沉寂无声，鸟儿不再歌唱，鱼儿不再游弋，大地失去了往日的生机与活力。她通过科学的阐述，让读者清晰地看到化学物质如何在食物链中传递、累积，从植物到动物，每一个环节都受到影响，最终威胁到人类自身的健康与生存。她指出，这些化学物质并非像人们所期望的那样，仅仅杀死害虫，而是对整个生态系统造成了不可逆转的破坏。大量翔实的数据和生动的案例让人们意识到，人类与自然并非征服与被征服的关系，而是相互依存、相互影响的。

《寂静的春天》不仅是一部关于环境保护的书籍，更是一部关于人类与自然关系的哲学思考之作。这本书的出版，不仅改变了人们对环境问题的认知，还促成了美国环保署（EPA）的成立，以及全球范围内环境立法的推进。这本书被视为现代环保运动的开端，它让人们认识到，保护环境不仅仅是政府和科学家的责任，更是每一个普通人的责任，每一个人都应该对自己的行为负责，因为我们的每一个选择都可能对自然环境产生影响。它提醒我们，人类的生存和发展离不开自然，我们不能以牺牲自然为代价来追求短期的经济利益。我们应该学会尊重自然、顺应自然，与自然和谐共处。只有这样，我们才能避免卡森所描绘的“寂静的春天”成为现实，才能让地球永远充满生机与活力。

值得注意的是，《寂静的春天》并非对科技的全面否定，而是对科技应用缺乏审慎考量的批判。卡森并不反对科学的发展，而是反对那些忽视长期环境影响、片面追求短期经济效益的行为。尽管《寂静的春天》是 1962 年出版的作品，但该书所传达的信息和价值永远不会过时，时至今日，人类依然面临生物多样性丧失、全球气候变化等复杂的环境问题，这使得该书在半个多世纪后仍然具有重要的现实意义。

在翻译这部经典著作的过程中，我深感责任重大。为了确保科学知识的准确性，我查阅了大量的资料，包括专业术语的解释、历史背景资料以及相关领域的专业知识。同时，卡森的行文既精准又富有诗意，这种独特的表达方式不仅增强了本书的可读性，也使其更具感染力。因此，在翻译过程中，我力求保持原作的风格和语调，希望读者在阅读这部译作时，能够被卡森的文字所触动，感受到她对自然的热爱和对人类未来的深切关怀，感受到她的智慧和勇气，更深刻感受到环境保护的重要性，从而在日常生活中践行更加可持续的生活方式。

在本书的翻译过程中，我有幸得到广西大学三位优秀研究生的鼎力相助。陈星月承担了第十一章至第十七章的初译任务，不仅翻译速度快，而且双语转换娴熟，为本书翻译工作的顺利完成奠定了坚实的基础；桑若琳和李惠依分别完成了第十四章、第十五章和第十六章的初译审校工作，两位同学以严谨的态度和扎实的专业素养，对译文进行了细致的校对，为译文的质量提供了有力保障。她们的努力和付出是本书能够顺利完成的重要力量，感谢她们的辛勤工作！

由于时间仓促，翻译工作难免会受到诸多限制。尽管我已竭尽全力让译文贴近原著的精髓，但在语言转换和专业知识的表达上，或许仍有不尽如人意之处。若译文中存在任何不准确、不流畅甚至误解的地方，我深感抱歉，并恳请各位读者批评指正。

吴虹

2025 年 2 月 14 日

目录

第一章
明日的寓言

从前，在美国的中心有一个小镇，所有的生命似乎都与周围的环境和谐共处。小镇坐落在一片繁荣的农田之间，田野里种满了庄稼，山坡上则遍布果园。春天，盛开的花朵像一朵朵白云飘在绿色的田野上空。秋天，松林中的橡树、枫树和桦树闪耀着火焰般的色彩。狐狸在山间吠叫，小鹿静静地穿过半隐于秋日晨雾中的田野。

道路两边，月桂、荚蒾、桤木、大片的蕨类植物和野花一年到头大部分时候都让旅行者赏心悦目。即使在冬天，路边也尽是美景，成群的鸟儿驻足在雪地中，啄食冒头的浆果和干草籽。实际上，这里以丰富多样的鸟类而闻名。每到春秋迁徙季节，成群的候鸟蜂拥而至，人们不远千里赶来观鸟，也有人来这里钓鱼。清澈而冰冷的溪流从山中流出，绿荫掩映下，鳟鱼就栖息在池塘中。自第一批定居者在很多年前来到这里建房子、挖水井、修谷仓以来，人与自然在这片土地上一直相安无事。

然而，这片区域慢慢被不祥之气笼罩，一切都开始发生变化。似乎有某种邪恶的力量降临到这片区域，神秘的疾病席卷了鸡群，牛羊纷纷病倒。死亡的阴影无处不在，农民谈论着家人的种种疾病；镇上，医生对病人中出现的新型疾病感到越来越困惑；有好些例发生突然且无法找到原因的死亡事件，去世的有成人，也有玩耍中的孩子，他们

突然发病，没过几个小时就离世了。

一种奇怪的寂静在这里弥漫开来。比如，鸟儿——它们都去了哪里？人们谈论着鸟儿的踪迹，满是困惑与不安，后院的喂食站也无鸟问津。仅见的几只鸟儿都奄奄一息，它们剧烈颤抖，怎么也飞不起来。这是一个悄无声息的春天。以前，知更鸟、猫雀、鸽子、松鸦、鹪鹩和其他无数的鸟儿会在黎明大合唱，如今却寂静无声，只有沉默笼罩着田野、树林和沼泽。

农场里，母鸡在孵蛋，却没能孵出小鸡。农民抱怨无法养猪——一窝猪仔数量太少，生下来也仅能存活几天。苹果树开花了，但却没有蜜蜂在花丛间嗡嗡采蜜，没有蜜蜂授粉，便不会有果实。

道路两旁，曾经让人赏心悦目的植物，仿佛经历了火灾浩劫，现在已经枯萎凋零。这里变得寂静，毫无生命的迹象。溪流也变得毫无生机，所有的鱼都死了，再也没有人来垂钓了。

屋檐下的排水沟里和屋顶的瓦片间，还能看到一些白色的颗粒状粉末残留。几周前，这些白色粉末像雪一样飘落在屋顶、草坪、田野和溪流上。

这个受侵袭的世界让新生的声音沉寂，这不是巫术造成的，也没有什么敌人，而是人们自己造成的。

这个小镇并非真实存在，但很可能在美国或世界上其他地方能找到成千上万个类似的地方。我不知道有哪个地方经历了我所描述的所有不幸。然而，这些灾难中的每一个都确实在某个地方发生了，许多地区已经真切地遭受了其中相当一部分的灾难。不知不觉中，一个可怕的幽灵已经向我们袭来，而刚刚我虚构的悲剧很可能会成为我们即将面临的严峻现实。

是什么让无数美国小镇的春之音沉寂？这本书试图探寻答案。

第二章
忍受的义务

地球上生命的历史是一部生物与其环境相互作用的历史。在很大程度上，地球上的植物和动物的物理形态及其习性都是由环境塑造的；相对于地球存在的整个阶段，生命反过来对环境造成的影响很微小。只有在当代这个时间段里，仅有一个物种——人类——才具备显著的能改变自然的力量。

在过去的四分之一个世纪里，这种力量不仅发展到令人不安的程度，还发生了性质上的变化。人类对环境最触目惊心的侵害，莫过于用危险甚至致命的物质污染空气、土地、河流和海洋。这种污染大多是不可恢复的，它所引发的恶性连锁反应，不仅出现在生命赖以生存的环境中，还出现在生物体内，而这些都是不可逆转的。在现在普遍存在污染的环境中，化学物质已经和辐射一样，改变了大自然和生命的本质，尽管其危害鲜为人知。通过核爆炸释放到空气中的锶 -90，会随雨水降落到地面，或以沉降物的形式落下，留在土壤中，进入生长在土壤中的草、玉米或小麦内部，最终进入人类的骨头里，并一直存在，直到这个人死亡。同样地，喷洒在农田、森林或花园里的化学物质长期滞留在土壤中，也会进入生物体内，并沿着一条引起中毒和死亡的链条不断从一种生物传递到另一种生物。它们还会神秘地通过地下水流转移，等到它们再次出现时，在空气和阳光的作用下，它们会生成新的有害物质，杀死植被，令牲畜染病，并对那些在曾经干净的水井里打水喝的人造成不可预知的危害。正如阿尔伯特·施韦泽[①]所说："人类几乎无法认出自己所创造的恶魔。"

地球经历了数亿年的时间才孕育出生命。在漫长的时间里，生命不断发展、进化和演变，最终与所处环境达到协调和平衡的状态。严谨地塑造生命并给生命以引导的环境中包含了各种元素，这些元素既有对生命有益的，也有对生命有害的。有些岩石会释放危险的辐射，甚至连为生命提供能量的太阳光中，也存在能够造成伤害的短波辐射。只要有足够的时间——这个时间不是以年计，而是以千年计——生命便能够自行调整，最终实现与自然环境的和谐相处。时间是关键的因素。然而在现代世界中，时间已经所剩无几了。

变化发生的速度和新情况产生的速度，遵循的是人类急躁和不顾后果的步伐，而不是自然的从容节奏。辐射不再仅仅是岩石的背景辐射、宇宙射线的轰击、太阳的紫外线——这些在地球上有生命之前就已经存在了——还有人为干预原子的非自然产物。生命在调整过程中需要适应的化学物质不仅有从岩石中冲刷出来的，经由河流带到海洋中的钙、硅、铜及其他矿物质，还有人类发明创造的合成物，这些合成物是在实验室中人工合成的，自然界中找不到对应的物质。

要适应这些化学物质，需要按照自然界的时间尺度进行，不是一个人的一辈子，而是许多辈人的许多辈子加在一起。即使奇迹发生，人类逐渐适应了这些化学物质，也将是徒劳的，因为新的化学物质正源源不断地在我们的实验室里合成问世。仅在美国，每年就有近500种化学合成物被投入使用。这个数字令人震惊，其带来的影响也难以说清——人类和动物每年都要以这样或那样的方式适应500种新的化学合成物，而这些化学物质完全超出了这些生物的经验范围（生物体在进化过程中从未遇到过这些物质，因此没有适应它们的经验或机制）。

---

① 译者注：阿尔伯特·施韦泽是德国哲学家、社会活动家、人道主义者，1952年诺贝尔和平奖得主。

这些化学物质有许多已经应用到人类对抗自然的战争中。自20世纪40年代中期以来，人类已创造出200多种基础化学物质，以数千个不同的品牌名称出售，用于杀死昆虫、杂草、啮齿类动物，以及其他现代术语描述为“害虫”的生物。

现在，这类喷雾剂、粉尘和气雾剂几乎普遍应用于农场、花园、森林和家庭，它们能杀死每一种昆虫，不加选择，无论是所谓的“害虫”还是“益虫”。它们使鸟儿不再歌唱，溪流中的鱼儿不再跳跃，给树叶涂上致命的薄膜，并在土壤中久久停留——尽管这类化学制剂最初的目标可能只是消灭少数杂草或昆虫。在地球表面喷洒这些有毒物质不会对所有生命造成伤害，这可能吗？谁会相信呢？它们不应该被称为“杀虫剂”，而应该被称为“杀生剂”。

喷洒这些化学制剂似乎陷入了一个无休止的循环。自从DDT[①]被民用后，就开启了一个不断升级的过程，人们必须不断寻找更有毒的物质。这种情况之所以会发生，是因为昆虫，正如达尔文的“适者生存”理论所述，已经进化出超级种群，对某种特定杀虫剂免疫。因此，人们就需要研发出更致命的杀虫剂，而等昆虫再次免疫后，人们又需要再次研发出更加致命的杀虫剂，如此循环往复。这种情况发生的另一个原因是，在喷洒化学物质后，有害昆虫往往会经历一次“反弹”或“复苏”，昆虫数量比喷洒之前还多（产生这一现象的原因在后面会详述）。因此，化学战争从未有胜利的一方，所有的生命都被围困在这场疯狂的火力交战之中。

除了核战争导致人类灭绝的可能性，我们这个时代的核心危机还包括：人类生存环境被那些具有极大潜在危害的物质所污染——这些物质在植物和动物的组织中累积，甚至穿透生殖细胞，破坏或改变那些决定物种未来形态的遗传物质。

一些想要改变人类未来的设计师期待有一天能够通过设计改变人

① 译者注：DDT又叫滴滴涕，化学名为双对氯苯基三氯乙烷，是一种有机氯类杀虫剂。

类的遗传物质，但我们可能已经在不经意间这样做了。因为许多化学物质，像辐射一样，会引起基因突变。仅仅通过使用杀虫剂这样看似微不足道的小事就可能决定人类的未来，想想就很讽刺。

所有这些行为都有风险，但是我们为什么还要这么做呢？未来的历史学家可能会对我们畸形的取舍决断感到惊讶。聪明的人类怎么会为了控制一些不需要的物种而去污染整个环境，甚至给自己的同类带来疾病和死亡的威胁呢？

然而，这正是我们现在做的事。

我们这样做的理由，只要审视一下，就会发现完全站不住脚。据说，大量使用（并且使用范围还在不断扩大）杀虫剂是为了保持农场的产量。可是，我们真正的问题不正是“生产过剩”吗？尽管采取了减少耕种土地、对不耕种的农民给予额外津贴等措施，我们的农场仍然产量惊人，产出了大量的过剩农作物。为了储存过剩粮食，美国纳税人在 1962 年甚至支付了超过 10 亿美元作为储存计划的保管成本。当农业部的一个部门试图减少生产时，另一个部门却在 1958 年宣布：“普遍认为，根据土壤银行的规定减少耕种面积，将刺激人们使用化学制剂以提高剩余耕地的最大产量。”所以，大量使用杀虫剂对情况是否有帮助呢？

所有这些并不是说虫害不是问题，或没有控制的必要。我认为，控制必须基于现实，而不是基于臆想，所采用的方法也不应在消灭昆虫的同时毁灭人类自己。

人们试图解决问题，但解决方案又带来了一连串的灾难，这就是我们现代生活方式的副作用。早在人类出现之前，昆虫就居住在地球上，这是一群非常多样化的生物，适应性极强。自从人类出现以来，随着时间的推移，超过 50 万种昆虫中，有一小部分与人类福祉发生冲突，主要体现为两种情况：与人类争夺食物和传播疾病给人类。

携带疾病的昆虫在人群密集、卫生条件极差的地方成了潜在的威胁，特别是在发生自然灾害、爆发战争或极度贫困的地方。这时，进行一定的控制显然非常必要。然而，我们即将看到的一个重要事实是：大规模化学控制的方法能取得的成功有限，而且还有可能加剧其企图遏制的状况。

在原始农业时期，农民几乎没有遇到过虫害问题。这些问题是伴随着农业的集约化产生的，即广阔的土地只种植单一作物。这种单一的种植模式为某些特定昆虫种群的爆炸性增长提供了条件。

单一作物的种植模式没有利用自然界运行的规律，而像是一个工程师想象出来的农业。大自然造物是丰富多样的，但人类却总喜欢将其简化。因此，人类破坏了自然界的内在制衡机制。这种机制将生物数量控制在一定范围内，其中一个重要的自然制衡就是限制每个物种适宜栖息地的数量。显然，以小麦为主食的昆虫在只种植小麦的农场里会大量繁殖，而在小麦与其他不被这种昆虫所适应的作物混合种植的农场里则不会出现这种情况。

同样的事情也在其他环境里发生。几十年前或者更早以前，美国许多城镇道路两旁种的是高大的榆树。现在，人们希望营造的绿树成荫正面临被彻底摧毁的威胁，因为疾病席卷了榆树，而这种疾病是由一种甲虫传播的。如果榆树只是丰富多样的植被群中的一员，那么这种甲虫大量繁殖和传播的程度则是非常有限的。

出现现代虫害的另一个原因要在地质和人类历史的大背景下来看：数千种不同种类的生物从它们的原生家园迁移到新的领土上。英国生态学家查尔斯·埃尔顿博士已经对这一全球性的迁移展开研究并在他的新书《入侵生态学》中进行了生动描述。在几千万年前的白垩纪时期，大面积的海洋切断了大陆之间的许多陆桥，地球上的生物因而被限制在埃尔顿博士所描述的“巨大的独立自然保护区”中。在“保护区”里，生物与其他同类隔绝，各自发展出许多新的种类。大约 1500 万年前，一些陆地再次连接在一起，这些“被隔绝的”生物开始进入新领土。这一迁移运动直到今天仍在进行，而且人类在其中发挥了相当大的作用。

植物的进口是现代物种传播的主要媒介，因为动物几乎总是与植物一起迁移，而检疫是一个近代才有但并不完全有效的举措。仅美国植物引进办公室就从世界各地引进了近 20 万种植物。美国约有 180 种主要植物害虫，其中近一半都不是专门从国外进口，而是搭着进口植物的便车入境的。

在新领土上，外来植物或动物没有了原生家园的天敌制约，得以快速繁殖，数量大幅增长。因此，给我们带来最多麻烦的昆虫是外来物种，这并非偶然。

这些入侵，无论是自然发生的还是依赖人类帮助而完成的，都可能无休止地继续下去。检疫和大规模化学制剂的应用只是用极其昂贵的方式争取了点时间。埃尔顿博士说，我们面临的是“一场生死攸关的考验，不仅需要寻找压制某种植物或动物的新的技术手段”，还需要对动物种群及其与周围环境的关系有基本的了解，这将“促进平衡，抑制其大量繁殖和新物种入侵”。

要解决这些问题，需要了解许多必要的知识，现在我们都掌握了，但却没有充分用上。我们的大学培养了生态学家，甚至政府机构也雇用了生态学家，但我们很少听取他们的建议。我们让化学的死亡之雨降临，好像别无选择，而实际上，只要有机会，以人类的聪明才智很快就能发现更多选择。

我们是不是已经被蛊惑，失去了追求美好的意志或远见卓识，反而认为接受那些低劣或有害的事物是不可避免的？用生态学家保罗·谢泼德的话来说，这种想法“把勉强过得去的生活理想化了，似乎只要比在恶劣环境能容忍的极限好一点点就行……但是，我们为什么要忍受微毒的饮食？为什么要把家安在了无生机的环境里？为什么周围认识的人只要不全是敌人就好？为什么要忍受几乎让人崩溃的马达噪声？谁愿意活在这样一个世界——一切都不好，只是还没有毁灭而已？”

然而，我们生活的世界正渐渐变成这样。创建一个用化学制剂消毒、消灭昆虫的世界的疯狂运动似乎激发了许多专家和所谓虫害管理部门的狂热之情。各种证据表明，那些进行喷洒作业的人行使着冷酷无情的权力。康涅狄格州的昆虫学家尼利·特纳说："制定法规的昆虫学家……同时充当着检察官、法官、陪审团、税务评估员、征收员和警长的角色，执行自己的命令。"无论是联邦政府还是州政府，对化学制剂的严重滥用行为都没有加以管控。

我不是想说绝对不能使用化学杀虫剂，我想说的是，有些化学制剂有毒、生物效能强，人们对它们的潜在危害不甚了解甚至完全不了解，而我们不加选择地将这些化学制剂交到了这些人手中。在没有征得他们的同意，甚至在他们不知情的情况下，许多人接触了这些有毒物质。如果我们颇具智慧和远见卓识的先辈能够预料到会出现这样的问题，那么《权利法案》里一定会做出这样的保障：公民有权免受私人或公职人员散播致命毒物的侵害。

我需要进一步申明，在几乎没有或完全没有预先研究这些化学制剂对土壤、水、野生动植物以及人类自身影响的情况下，我们已经允许使用它们。自然界为所有生命提供支撑，而我们所采取的行动却不够谨慎，没有保持其完整性，我们的后代很有可能不会原谅这一点。

我们对这种威胁的性质认识还非常有限。现在是一个充斥着各种专家的时代，每个专家都只盯着自己的问题，对这个问题所处的大环境却不管不顾。这也是一个由工业主导的时代，在这个时代，人们关心的只是赚钱，哪怕只赚一美元，而为了赚这一美元要付出怎样的代价却无人关心。使用化学杀虫剂造成了破坏性后果，当公众了解到清楚的证据并提出抗议时，仅得到半真半假的信息，起不到什么安慰的作用。我们亟待停止这些虚假的保证，停止美化让人不愉快的事实。防控人员只是估算风险，最后要承担因控制虫害而造成风险的人却是普罗大众。公众必须决定是否继续沿着当前的道路前进，而只有在完全了解所有事实的情况下才能做出这个决定。用让·罗斯坦德的话来说，"忍受的义务赋予了我们知情的权利"。

第三章
死神的灵药

每个人从胚胎开始直到死亡，都不可避免地接触到危险的化学物质，这样的情况在人类的历史上还是第一次出现。合成杀虫剂的使用还不到二十年，就已经彻底渗透生物界和非生物界，几乎无处不在。人们已经在大多数主要的河流系统，甚至在看不见的地下水流中，发现了它们的踪迹。十几年前喷洒的化学制剂，现在还残留在土壤中。它们已经进入鱼类、鸟类、爬行动物等野生动物及家禽家畜的体内并驻留下来，影响范围如此之广，以至于进行动物实验的科学家几乎都找不到未受污染的样本。无论是偏远山区湖泊里的鱼、在土壤中钻洞的蚯蚓、鸟蛋，还是人类自己，体内都有这些化学物质的踪迹。这些化学物质储存在绝大多数人的体内，不论老少。它们出现在母乳中，甚至还可能出现在未出生婴儿的细胞组织里。

所有这一切的发生都归因于具有杀虫特性的人造或人工合成化学品行业的突然崛起和极速增长。该行业是第二次世界大战的产物。在为化学战研发药剂的过程中，人们发现实验室中创造的一些化学品能杀死昆虫。这一发现并非偶然，因为昆虫一直被用来测试这些化学制剂是否对人类致命，其结果就是源源不断地出现了各种合成杀虫剂。

人造，即通过实验室中巧妙的分子操作、替换原子、改变排列组合等方式，让这些合成杀虫剂与二战前使用的较为简单的杀虫剂截然不同。过去的杀虫剂来源于自然界中存在的矿物和植物，如砷、铜、铅、锰、锌等矿物的化合物，干菊花中提取的除虫菊，某些烟草近缘植物中提取的硫酸烟碱，以及东印度群岛豆科植物中提取的鱼藤酮。

新合成化学杀虫剂的独特之处在于它们强大的生物效能。它们不仅具有极大的毒性，还能参与生物体内最重要的生理过程，以致命的方式改变这些过程。正如我们所见，它们会破坏那些保护身体免受伤害的酶，阻碍身体获取能量的氧化过程，妨碍各种器官的正常功能，还可能在某些细胞中引发缓慢且不可逆的变化，从而导致恶性肿瘤。

然而，每年都还会有新的、更致命的化合物被研发出来，不断开发出新用途，几乎全世界的人都会接触这些物质。美国合成杀虫剂的产量从 1947 年的 124.259 百万磅[①] 飙升到 1960 年的 637.666 百万磅——增长为原来的 5 倍多。这些产品的批发总额超过了 2.5 亿美元。但从该行业的规划和展望来看，这一巨大的产量还仅仅只是个开始。

因此，了解各种化学杀虫剂对我们所有人来说都至关重要。如果我们要与这些化学制剂如此密切地生活在一起——化学物质通过饮食进入我们的骨髓深处——我们最好对它们的性质和力量有所了解。

尽管第二次世界大战标志着杀虫剂从无机化学品逐步转为以碳及其化合物为核心的有机化学合成物，但一些旧的原料仍在被使用。其中最主要的是砷，它依然是各种除草剂和杀虫剂的基本成分。砷是一种毒性很强的矿物质，广泛存在于各种金属矿石中，在火山、海洋和泉水中也有少量存在。它与人类的关系是多样的，且历史悠久。由于许多砷的化合物都没有味道，远自十五六世纪的波吉亚家族时代之前，直到现在，它都是谋杀的常用工具。在英国，烟囱排出的烟尘中就有砷。约 200 年前，一位英国医生发现，砷和某些芳香烃是烟尘致

① 译者注：磅为英美制质量或重量单位，1 磅约为 0.4536 千克。

癌的原因。记录显示，慢性砷中毒的事件长期以来都威胁着人类，环境里的砷污染也导致马、牛、羊、猪、鹿、鱼和蜜蜂患疾病甚至死亡。尽管如此，含砷的喷雾剂和粉尘剂仍然被广泛地使用。

在美国南部使用了砷喷雾的棉花种植区，养蜂业几乎已经不复存在。长期使用砷粉尘剂的农民遭受慢性砷中毒的折磨，家畜受到含砷的作物喷雾或除草剂的毒害。蓝莓园里使用的砷粉尘剂飘散到邻近的农场，污染了溪流，让蜜蜂和奶牛遭受致命伤害，并引发人类疾病。环境癌症专家、美国国家癌症研究所的休勃博士说："我国近年来在处理砷化合物时完全无视公共健康……几乎没有比现在更糟糕的做法了。但凡看到过含砷的喷雾杀虫剂和粉尘杀虫剂是如何施用的人，必然对其极为随便的喷洒方式印象深刻。"

现代杀虫剂更是致命。绝大多数杀虫剂可以归入两大类化学合成物。一类为氯化烃杀虫剂，以 DDT 为代表；另一类由有机磷杀虫剂构成，其中人们较为熟知的有马拉硫磷和对硫磷。它们都有一个共同点，正如我们之前提到的，都是以碳原子为主要成分。这些碳原子也是生物世界不可或缺的组成部分，因此属于有机物。要了解它们，我们必须了解它们的构成，尽管它们与所有生命的基础化学有关联，我们也要知道它们是如何经过修改成为致死工具的。

基本元素碳的原子几乎拥有无限能力，它可以以链、环与其他各种配置相互结合，还可以与其他物质的原子相连。事实上，从细菌到巨大的蓝鲸，生物的多样性在很大程度上都归功于碳原子的这种能力。无论是复杂的蛋白质分子，还是脂肪、碳水化合物、酶和维生素的分子，都以碳原子为基础。同样，大量的非生物物质也是以碳原子为基础的，因为碳并不一定代表着生命。

一些有机化合物仅仅是碳和氢的组合。其中最简单的是甲烷，也称沼气，它是水中有机物通过细菌分解而自然形成的。当甲烷与空气以适当的比例混合时，它就变成了煤矿井中令人害怕的瓦斯。它的结构非常简单，由一个碳原子和四个氢原子组成：

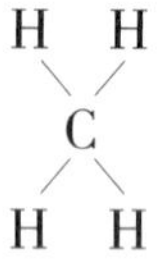

化学家发现，可以拿掉一个或全部的氢原子，并替换为其他元素。例如，用一个氯原子替换一个氢原子，就可以得到氯甲烷：

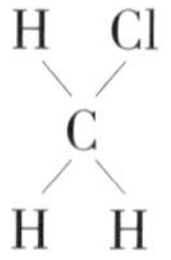

拿掉三个氢原子，替换成三个氯原子，就可以得到麻醉剂氯仿：

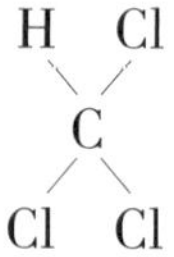

把所有的氢原子都替换为氯原子，就得到了四氯化碳，这是一种常用的清洁液：

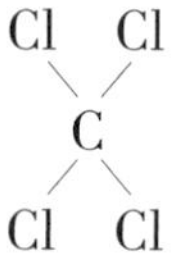

简而言之，这些围绕甲烷分子发生的变化说明了什么是氯代烃。但是这个例子几乎无法体现烃的化学世界的真实复杂性，也无法说明有机化学家通过各种操作方式创造出无穷变化的材料。有机化学家可能用到不只有一个碳原子的简单的甲烷分子，还有由多个碳原子组成的烃分子，这些分子可以排列成环状或链状，带有侧链或分支，除了简单的氢原子或氯原子，还有各种各样的化学基团通过化学键与它们结合在一起。

通过看似微小的改变，物质的整体特性就会发生变化，例如，什么元素附着在碳原子上很重要，这个元素键合在碳原子上的什么位置也非常重要。这类精妙的操作生成了一些真正非凡的强力毒药。

DDT 最早由一位德国化学家在 1874 年合成，但直到 1939 年其可以用作杀虫剂的特性才被发现。这一杀虫功效一经发现，DDT 马上被看作能够一举消灭由昆虫传播的疾病、帮助农民保护农作物不受害虫侵害的有效手段。瑞士的保罗·穆勒也因为发现 DDT 的杀虫功效而获得诺贝尔奖。

现在，DDT 的使用是如此普遍，以至于对大多数人来说，这种合成品倒像是无害的日常用品。DDT 无害的说法也许只是源自其早期的一个用途：在战争期间，DDT 粉尘被喷撒在成千上万的士兵、难民和囚犯身上，以消灭虱子。人们普遍认为，这么多人与 DDT 进行了极其密切的接触，都没有立即出现不良反应，这种化学物质肯定是无害的。这种误解源于这样一个事实：与其他氯代烃类不同，粉尘状的 DDT 不易通过皮肤被吸收，所以会有这样的误解也是可以理解的。但是溶解在油剂中时（也是最常见的情况），DDT 绝对是有毒的。如果吞食了 DDT，它会通过消化道被缓慢吸收，也可以通过肺部被吸收。一旦进入体内，DDT 主要停留在富含脂肪物质的器官中（因为 DDT 本身是脂溶性的），如肾上腺、睾丸或甲状腺，而相对较大量的 DDT 则会沉积在肝脏、肾脏以及包裹肠道的保护性肠系膜的脂肪中。

DDT 在体内的沉积最先从你能想到的极其微量的物质摄入开始（大多数来自食品中的残留），一直不断累积，直到达到较高水平才停止。这些含有脂肪的储存库充当了生物放大器的功能，以至于饮食中浓度仅为 0.1 ppm① 的摄入量，在体内积累的浓度可达到 10～15 ppm，增加了一百多倍。这些参考的术语对化学家或药理学家来说很平常，但对我们大多数人来说却很陌生。百万分之一听起来是一个非常小的量——也确实如此，但这类物质的效力如此之大，以至于极其微小的量就能在身体内引起巨大的变化。在动物实验中，浓度仅为 3 ppm 的量就会抑制一种主要的心肌酶；浓度为 5 ppm 的量就能引起肝细胞的坏死或瓦解。而与 DDT 类似的化学物质狄氏剂和氯丹，只要浓度

① 译者注：ppm 是农业生产活动中防治病虫及根外追肥时对用量极少的农药或肥料进行稀释时所表示的使用浓度单位，通常叫“百万分之……”，如 1 ppm 即百万分之一。配置浓度为 1 ppm 的药液时，1 g 农药需要兑 1000 kg 的水。

2.5 ppm 就能有同样的效果。

这并不让人吃惊。在人体正常的化学过程中，原因和结果之间存在如此巨大的差异是很常见的。例如，微量的碘——少到只要两万分之一克，就能决定健康或患病。由于这些少量的杀虫剂是累积性储存，并且排出非常缓慢，因此，慢性中毒和肝脏及其他器官的退行性变化的威胁是真实存在的。

科学家对于人体可以储存多少 DDT 并没有一致的观点。美国食品药品监督管理局的首席药理学家阿诺德·雷曼博士表示，就 DDT 而言，没有少于多少就不被吸收的下限，也没有多于多少就停止吸收和储存的上限。而美国公共卫生服务管理局的伟兰德·海耶斯博士却认为，在每个人体内都会有一个平衡点，超过这个量的 DDT 会被排泄出去。根据实际情况来说，他们两人谁对谁错并不是特别重要。因为对人体中 DDT 的储存已经有充分的研究，我们已经知道，普通人体内储存的 DDT 是有潜在危害的。根据不同的研究，没有接触过 DDT 的普通人（不可避免的饮食接触除外）体内 DDT 的平均浓度为 5.3 ～ 7.4 ppm，农业工人体内 DDT 的平均浓度为 17.1 ppm，而在杀虫剂工厂工作的工人体内 DDT 的平均浓度则高达 648 ppm！由此可见，DDT 在人体内的储存量范围相当大，而更重要的是，即使是在普通人体内的最低储存量，也超过了可能对肝脏及其他器官或组织造成损害的水平。

DDT 和相关化学物质最险恶的一个特点是，它们通过食物链的所有环节从一个生物体传递到另一个生物体。例如，在苜蓿地里撒上 DDT 粉尘剂，之后用苜蓿制作饲料喂鸡，母鸡下的蛋中就含有 DDT；用含有浓度为 7 ppm 或 8 ppmDDT 残留物的干草来喂牛，牛奶中就能检测出 DDT，浓度大约是 3 ppm，而如果用这些牛奶制作黄油，DDT 的浓度可能高达 65 ppm。通过这样一种转移过程，最初只是微量的 DDT，最终可能变成高浓度的累积。尽管食品药品监督管理局禁止州际商业运输的牛奶中存在杀虫剂残留，但是现在农民发现很难找到没有受到污染的奶牛饲料。

这种毒素也可能经由母亲传递给子女。食品药品监督管理局的科学家在受检测的人乳样本中发现了杀虫剂残留。这意味着母乳喂养的婴儿正在少量但定期摄入有毒的化学物质，这些化学物质会在婴儿体内累积。然而，这并不是婴儿首次接触化学物质，我们有充分的理由相信，这种接触从婴儿还在母亲的子宫里时就开始了。在实验动物中，氯代烃类杀虫剂可以自由穿过胎盘，而胎盘是胚胎和母体内有害物质之间的保护屏障。虽然人类婴儿通过这种方式接触到的量通常很小，但这并不意味着不值得关注，因为儿童比成人更容易中毒。这种情况也意味着，对于现在的普通人来说，从生命诞生开始就在累积化学物质，而这些化学物质将在体内日益沉积，这几乎是毫无疑问的。

基于以上所有事实——低摄入量的有害物质会慢慢累积，即使是正常饮食也很容易发生不同程度的肝损伤——食品药品监督管理局的科学家早在 1950 年就宣布，“极有可能低估了 DDT 的潜在危害”。而在医学史上还没有类似的情况，无人知晓最终结果会怎么样。

氯丹，另一种氯代烃，它除了具有 DDT 所有这些不良特性，还有一些独有的属性。它的残留物会长期留存在土壤、食品或施用了氯丹物体的表面。氯丹通过一切可能的途径进入人体，它可以通过皮肤被吸收，可能以喷雾或粉尘的形式被吸入，当然，如果残留物被吞食，也会从消化道被吸收。像其他所有氯化烃一样，氯丹沉积物会在体内慢慢累积。仅含有浓度为 2.5 ppm 微量氯丹的食物，最终可能在受试动物脂肪中储存浓度达到 75 ppm 的残留物。

1950 年，像雷曼博士这样经验丰富的药理学家已将氯丹描述为“最具毒性的杀虫剂之一，任何接触到它的人都可能中毒”。但从郊区居民用氯丹粉尘进行草坪治理的随意程度来看，大家并没有把雷曼博士的警告放在心上。郊区居民没有立即生病并不能说明什么，因为毒素可能在他的身体内长时间潜伏，然后在几个月或几年后才出现不明病症，到时就很难追溯疾病的起因了。此外，氯丹也有可能造成快速死亡。有一名受害者不小心将浓度为 25% 的工业溶液洒在皮肤上，40 分钟内就出现了中毒症状，还未等到医疗救助就已经死亡。这类中毒是无法提前预知的，因此也就无法获得及时的治疗。

七氯，氯丹的成分之一，也作为单独的配方在市场上销售。它在脂肪中的储存能力特别强。只要饮食中含有浓度为 0.1 ppm 的七氯，人体内就有能被测出含量的七氯。它还有一个奇怪的能力，可以转化为一种化学性质不同的物质——环氧七氯。在土壤里、植物和动物的组织中都可以发生这种转化。对鸟类的测试表明，这种转化产生的环氧七氯比原来的七氯毒性更强，而七氯的毒性已经达到氯丹的 4 倍。

早在 20 世纪 30 年代中期，人们就发现一类特殊的烃类——氯化萘，它会导致肝炎和一种罕见且几乎致命的肝病。这种肝病发生在其职业会接触到氯化萘的人群中，它能导致电工行业的工人生病甚至死亡。最近，在农业方面，它们又被认为是造成牛群患上不明致命疾病的原因。鉴于这些先例，狄氏剂、艾氏剂和异狄氏剂这三种与氯化烃相关的杀虫剂是所有烃类杀虫剂中毒性最大的，就不足为奇了。

狄氏剂是以德国化学家狄尔斯命名的杀虫剂，如果直接被吞食，其毒性是 DDT 的 5 倍，而通过皮肤被吸收时，其毒性是 DDT 的 40 倍。它之所以臭名昭著，是因为它能快速地攻击生物体的神经系统，使受害者出现痉挛，后果严重。中毒的人恢复得很慢，说明狄氏剂对人体具有长期伤害效应。与其他氯化烃一样，这些长期效应包括对肝脏的严重损害。尽管使用狄氏剂对野生生物造成了可怕的破坏，但其残留物的持续留存和有效的杀虫作用，仍使之成为当前使用最多的一类杀虫剂。对鹌鹑和野鸡的实验证明，狄氏剂的毒性是 DDT 的 40 ～ 50 倍。

我们对狄氏剂在人体内如何储存、分布，以及如何排泄出去都不甚了解，因为化学家在设计杀虫剂方面的聪明才智，远远超过了人们对这些毒素是如何影响生物体的生物学知识的了解。然而，有充分迹象表明，狄氏剂会在人体中长期储存，这些沉积物可能像休眠的火山一样潜伏，只有在生理压力期，身体调用了储存这些沉积物的脂肪储备时，才会爆发出来。

我们所知道的大部分信息都来自世界卫生组织开展的艰苦卓绝的疟疾防控运动。在疟疾防控工作中，人们用狄氏剂替代 DDT（因为传播疟疾的蚊子已经对 DDT 产生了抗药性），马上就出现了喷药人员中毒的案例。病情主要表现为严重的痉挛——半数到全部人（不同项目中的比例不同）都出现了痉挛，还有好几例死亡，有些人甚至在接触狄氏剂之后 4 个月还出现了痉挛。

艾氏剂是一种有些神秘的物质，尽管它是独立的实体，但它与狄氏剂有着千丝万缕的关联。用艾氏剂处理过的土壤种出的胡萝卜含有狄氏剂的残留物。这种变化不仅发生在活体组织中，也发生在土壤里。这种像炼金术一样神奇的转化导致了许多错误的报告，因为如果化学家已知施用的是艾氏剂，那么在检测时就会被蒙蔽，误以为所有的艾氏剂残留都已消散。事实上，施用了艾氏剂确实有残留，只不过是狄氏剂残留，因此需要用到不同的检测方式。

和狄氏剂一样，艾氏剂毒性也很强。它会引起肝脏和肾脏的退行性病变。一颗阿司匹林药片大小的量就可以杀死 400 多只鹌鹑。有记录的人类艾氏剂中毒案例有很多，大多数与工业上的使用有关。

和大多数这类杀虫剂一样，艾氏剂给未来投下了不祥的阴影——繁衍受到影响。给野鸡喂食艾氏剂，即使剂量很小，不足以杀死它们，但野鸡下的蛋数量会减少，孵化出来的小鸡也很快就死了。艾氏剂的影响不局限于鸟类。接触艾氏剂的老鼠怀孕次数会减少，生出来的幼崽也是病恹恹的，寿命很短。接触艾氏剂的母狗生下的小狗也在三天内死亡。父母中毒，新生代则因此受到这样或那样的影响。没有人知道人类是否会受到同样的影响，但这种化学物质已经通过飞机喷洒遍及郊区和农田。

异狄氏剂是所有氯化烃中毒性最大的。尽管在化学结构上它与狄氏剂相当接近，但其分子结构中的一个小变化使其毒性是狄氏剂的 5 倍。与之相比，这个杀虫剂家族的始祖 DDT 几乎显得无害。异狄氏剂对哺乳动物的毒性是 DDT 的 15 倍，对鱼类的毒性是 DDT 的 30 倍，对某些鸟类的毒性大约是 DDT 的 300 倍。在使用异狄氏剂的 10 年间，它已经造成大量鱼类死亡，对喷洒过农药的果园里的牛群造成致命伤害，污染了水井，并引起至少一个州的卫生部门的严厉警告——要小心谨慎地使用异狄氏剂，否则将危及人类性命。

有这么一起悲惨的异狄氏剂中毒案，中毒的起因还不是由于明显的疏忽，案中人采取了一定的预防措施，以为已经足够了。有一对美国夫妇带着他们一岁大的婴孩到委内瑞拉生活。他们搬进的房子里有蟑螂，于是，搬入几天后，他们使用了含有异狄氏剂的喷雾剂。这天在喷洒之前，大约上午 9 点钟，婴孩和家里的小狗被带出了房子。喷洒结束后，地板也被清洗了；下午，婴孩和小狗回到了房子里；大约一个小时后，小狗开始呕吐、抽搐，然后死了；在同一天晚上 10 点钟，婴孩也开始呕吐、抽搐，并失去了意识。在这次与异狄氏剂的致命接触之后，这个原本正常、健康的孩子差不多变成了植物人——既看不见也听不见，肌肉频繁地痉挛，明显已经与周围环境切断了联系。他在纽约一家医院进行了几个月的治疗，情况也没有好转，也没有会好转的希望。主治医生说："不确定是否能有任何程度的恢复。"

第二大类杀虫剂，烷基或有机磷酸酯，是世界上最具毒性的化学物质之一。使用这类杀虫剂最主要和最明显的危害是，喷洒药物的人、意外接触到飘散药物的人、意外接触到喷洒过药物的植被的人和意外接触到被丢弃的药物容器的人，都会发生急性中毒。在佛罗里达州，两个孩子发现了一个空袋子，于是用它来修理秋千。不久之后，这两个孩子都死了，他们的玩伴中有三个生了病。那个袋子曾经装过一种叫作对硫磷的杀虫剂，这是一种有机磷酸酯。检测证实，这两个孩子是因对硫磷中毒而死。在另一起事件中，威斯康星州的一对表兄弟，在同一天晚上死亡。其中一个孩子的父亲在土豆田里喷洒农药，喷雾飘到了紧邻的院子里，一个孩子当时正在院子里玩耍，另一个孩子跑进了谷仓，把手放在喷雾设备的喷嘴上。这两个孩子都在当天晚上死亡。

这些杀虫剂的起源具有一定的讽刺意义。尽管有些化学物质，像磷酸的有机酯，早就已经为人们所熟知，但直到20世纪30年代末，德国化学家格哈德·施拉德才发现了它的杀虫特性。随后，德国政府意识到这些化学物质的价值——可以用作人类战争新的杀伤性武器，于是对它们展开秘密研究。最终，有些化学物质成了致命的神经毒气，而其他一些结构类似的化学物质则成为杀虫剂。

有机磷类杀虫剂以一种特殊的方式作用在生物体上——它们能破坏在生物体内起到必要功能的酶。它们的目标是神经系统，无论是昆虫的还是恒温动物的神经系统。在正常情况下，神经脉冲借助一种叫作乙酰胆碱的“化学传递器”从一条神经传递到另一条神经，乙酰胆碱在执行完这个基本功能后就会消失。是的，乙酰胆碱的存在是如此短暂，以至于医学研究人员必须通过特别手段才能在身体将其破坏之前对其进行采样。这种传递化学物质的短暂性对机体的正常功能来说是必要的，如果乙酰胆碱在传递神经脉冲后没有立即被破坏，脉冲就会继续在一条条神经之间传递，此时，这种化学物质会以不断强化的方式发挥其作用，整个身体的动作会变得不协调，很快就会发生震颤、肌肉痉挛、抽搐，甚至死亡。

对于这种意外情况，身体其实已经有所准备。有一种叫作胆碱酯酶的保护性酶，它会在身体不再需要传递化学物质时破坏乙酰胆碱。通过这种方式，身体达到了精确的平衡，乙酰胆碱在身体里永远不会累积到危险的量。但是，人一旦接触到有机磷类杀虫剂，体内的保护性酶就会被破坏，随着酶量的减少，传递化学物质的乙酰胆碱就会累积。有机磷化合物在人体内的毒效与生物碱毒毒蕈碱相似，毒蕈碱是在一种有毒蘑菇——毒蝇鹅膏菌里发现的毒素。

反复接触有机磷可能会降低胆碱酯酶水平，直到个体接近急性中毒的边缘，在这种情况下，只要再多一点点的接触，就会引发急性中毒。因此，对有机磷类杀虫剂喷雾操作人员和其他经常接触到有机磷化合物的人员进行定期的血液检查是非常有必要的。

对硫磷是使用最广泛的有机磷酸酯之一，也是药性最强和最危险的药物之一。蜜蜂接触对硫磷后会变得“极度激动和好战”，行为狂乱，半小时内就会濒临死亡。一位化学家想通过最直接的方式了解对硫磷导致人类急性中毒的剂量，于是吞下了极微小的量，大概 0.00424 盎司[①]，他马上瘫痪，甚至没来得及伸手去拿就在手边、事先准备好的解毒剂，于是他就这么去世了。近年来，加利福尼亚州报告平均每年有 200 多起对硫磷意外中毒的案例。在全世界许多地方，对硫磷造成的死亡率令人震惊：1958 年，印度有 100 起对硫磷致死案例，叙利亚有 67 起，而日本平均每年有 336 人因对硫磷死亡。然而，目前美国把大约 700 万磅的对硫磷喷洒到农田和果园，喷洒方式包括手动喷雾器、电动鼓风机、撒粉器，甚至还用飞机喷洒。据一位医学权威说，仅在加利福尼亚州农场里使用的量就达到了“毒死 5 ～ 10 倍全世界人口的致命剂量”。

在极少数情况下，我们也可能免遭灭绝，其中一个因素就是对硫磷和其他这类化学物质分解得相当快。与氯化烃相比，它们在作物上的残留时间相对较短。然而，这个短暂的停留时间足以造成危害，产生严重到致命的后果。在加利福尼亚州的里弗赛德，30 名采摘橙子的工人中有 11 人突然生病，发病的这 11 人里，有 10 人不得不住院治疗，他们的症状都是典型的对硫磷中毒。调查发现，大约两周半前，他们采摘橙子的果园喷洒了对硫磷，即使是在喷洒 16 ～ 19 天之后，喷洒残留物仍然使他们陷入恶心、半瞎、半昏迷的痛苦之中。这绝不是对硫磷残留最持久的记录，类似的不幸事件也发生在喷洒对硫磷一个月后的果园。使用标准剂量喷洒 6 个月之后，橙子皮上依然有对硫磷的残留。

---

① 译者注：盎司为英美制质量或重量单位，1 盎司约为 28.3495 克。

对在田间、果园和葡萄园施用有机磷杀虫剂的工人而言，危险是如此之大，以至于一些使用这些化学品的州已经建立了实验室，协助医生开展诊断和治疗。如果医生在处理中毒者时没戴橡胶手套，他们自己也可能处于某种危险之中。洗熨这些受害者衣物的洗衣女工也可能受到影响，因为这些衣物上可能已经吸附了足够多的会对她们造成伤害的对硫磷。

另一种有机磷酸酯类杀虫剂——马拉硫磷在公众中的知名度几乎与 DDT 相当，园艺工作人员用得比较多，也常见于家用杀虫剂、灭蚊剂中，在佛罗里达州针对地中海果蝇进行的近百万英亩[①]的大规模喷洒，用的也是马拉硫磷。人们认为马拉硫磷是这组化学物质中毒性最低的，因此许多人认为可以随意使用而不必担心受到伤害。商业广告的鼓吹也是大家放心使用的原因之一。

马拉硫磷所谓的“安全性”其实是建立在相当脆弱的基础上的，这一事实直到马拉硫磷投入使用数年后才被发现，这种情况很常见。马拉硫磷之所以“安全”，只是因为哺乳动物的肝脏具有非凡的保护能力，能够使其相对无害。肝脏的解毒功能是由肝脏中的一种酶完成的。然而，如果有某种物质破坏了这种酶或干扰了它，让它无法起作用，那么接触到马拉硫磷的人就会完全暴露在毒素的威胁之下。

不幸的是，对我们所有人而言，会发生这种情况的时候太多了。几年前，食品药品监督管理局的科学家发现，当马拉硫磷和某些其他有机磷酸酯同时施用时，会导致非常严重的中毒，严重程度预计达到两种化合物毒性相加的 50 倍。换句话说，当这两种化合物合用时，每种化合物只需要百分之一的致死剂量，就可能致命。

这一发现让科学家开始对其他化学组合进行测试。现在人们知道，许多有机磷酸酯类杀虫剂的两两组合都非常危险，它们的毒性会通过联合作用被扩大或强化。当肝脏中能化解一种化合物毒性的肝脏

① 译者注：英亩为英美制地积单位，1 英亩约为 4046.86 平方米。

酶被另一种化合物破坏时，这种强化作用似乎就生效了。这两种化合物甚至不需要同时施用，这周喷洒一种杀虫剂而下周喷洒另一种杀虫剂的喷药者可能会发生这种危险，接触喷过药的产品的人同样也可能遇到这种危险。一碗常见的沙拉里可能就包含有机磷酸酯类杀虫剂的组合。尽管沙拉里各种食物上的农药残留在法律允许的范围内，但这些残留物很可能会相互作用。

化学物质之间危险的互动到底能达到什么程度尚未可知，但科学家在实验室时不时的发现令人不安。其中一个发现是：有机磷酸酯的毒性甚至可以通过别的物质（不仅仅是杀虫剂）增强。例如，相对于某种杀虫剂而言，某种增塑剂可能会使马拉硫磷变得更危险。同样，这是因为肝脏酶能化解杀虫剂的毒性，而增塑剂抑制了这种酶的作用。

在正常的人类环境中，其他化学物质怎么样呢？特别是药物。这方面的研究才刚刚开始，但我们已经知道一些有机磷酸酯（对硫磷和马拉硫磷）会增强一些用作肌肉松弛剂的药物的毒性，还有一些（同样包括马拉硫磷）显著增加了巴比妥类药物的睡眠作用时间。

在希腊神话中，女巫美狄亚因情敌夺走了她丈夫杰森的爱而心生愤怒，她送了新娘一件有魔力的长袍，任何穿上这件长袍的人都会马上横死。现在，所谓的“内吸杀虫剂”采用的就是这种间接致死的方法。这些化学物质具有非凡的特性，可以将植物或动物变得有毒，就像一件美狄亚的魔法长袍。这样做的目的是杀死可能与它们接触的昆虫，特别是吸食这些植物的汁液或动物的血液的昆虫。

内吸杀虫剂的世界是一个奇异的世界，超越了格林兄弟的想象力——也许最接近查尔斯·亚当斯[①]的漫画世界。在这个世界里，童话中的魔法森林变成了有毒的森林，虫子咀嚼一片叶子或吸食一口植物汁液就注定要死。在这个世界里，因为狗的血液变得有毒，跳蚤咬

① 译者注：查尔斯·亚当斯，美国漫画家，以黑色幽默漫画著称于世，作品有《亚当斯一家》。

了狗一下就死了；昆虫虽然没有接触到植物，但可能因植物蒸发的水汽而死；蜜蜂采了有毒的花蜜回到蜂巢，最终可能产出有毒的蜂蜜。

昆虫学家一直梦想着研究出内吸杀虫剂，其诞生得益于应用昆虫学领域的工作者，他们发现可以从自然中得到启示：在含有硒酸钠的土壤中生长的小麦可以避开蚜虫或蜘蛛螨的攻击。硒是一种自然元素，在全世界许多地方的岩石和土壤中都有少量存在，因此成为第一种内吸杀虫剂的原料。

要使杀虫剂成为内吸杀虫剂，它必须能渗透到植物或动物的所有组织中并使它们变得有毒。某些氯化烃类化学物质和部分有机磷类化学物质都有这种特性，它们都是将自然产生的物质人工合成而得到的。然而在实践中，大多数内吸杀虫剂来自有机磷类，因为残留问题相对没那么严重。

内吸杀虫剂以其他间接的方式起作用。用内吸杀虫剂浸泡种子或将杀虫剂与碳混合后涂在种子表面，杀虫剂的药效就会进入种子里，经过这样处理的种子长出来的幼苗对蚜虫和其他吸汁昆虫来说是有毒的。像豌豆、黄豆和甜菜这类蔬菜有时就采取这种保护措施。用杀虫剂涂层的棉籽在加利福尼亚州已经使用了一段时间。1959 年，在圣华金谷种植棉花的 25 名农场工人突然发病，病因就是他们处理过这些经过浸泡的棉籽的包装袋。

英国人想知道如果蜜蜂采集花蜜的植物是经过内吸杀虫剂处理的会怎样，相关研究在使用了八甲磷这种化学物质的地区展开。尽管这些植物在花朵还未形成之前就已经被喷洒了八甲磷，但后来生成的花蜜中仍然含有毒素。研究结果可想而知，蜜蜂采集这些花蜜后酿成的蜂蜜也受到了八甲磷的污染。

用在动物身上的内吸杀虫剂主要是为了控制牛皮蝇，一种对家畜有破坏性作用的寄生虫。为了让家畜的血液和组织有杀虫功效而同时又不会对家畜造成致命伤害，使用内吸杀虫剂必须非常小心以达到平衡。这种平衡非常微妙。政府的兽医已经发现：反复的小剂量用药也会逐渐耗尽家畜体内的保护性酶——胆碱酯酶，以至于一点点额外的剂量也会毫无预警地造成中毒。

有强烈的迹象表明，与我们的日常生活更紧密相关的新领域正在被开拓。现在，你可以给你的狗吃一种药丸，据称，这种药丸会通过让狗的血液带有毒性而去除狗身上的跳蚤。在对牛进行杀虫剂处理时发生的危险，大概也同样会发生在狗身上。到目前为止，似乎还没有一种人类适用的内吸杀虫剂，能使人类对蚊子造成致命伤害，也许这是接下来的研究方向。

到目前为止，本章一直在讨论我们在对抗昆虫的战争中所使用的致命化学物质。那么，与此同时，我们对抗杂草的战争又怎么样了呢?

人们期待有这么一种方法，能快速而简便地杀死不需要的植物，这种期待催生出一系列被称为除草剂的化学物质。这些化学物质的使用和滥用的故事将在本书第六章中讲述。这里我们关心的问题是，除草剂是不是毒药，以及使用除草剂是否促进了环境的毒化。

除草剂仅对植物有毒而对动物无害，这种说法广为人知，不幸的是，这并非事实。这些植物“杀手”包含多种化学物质，它们不仅作用于植物，也能影响动物组织。它们对有机体的作用差异很大，有些是常规的毒药;有些是强大的新陈代谢刺激剂，会导致体温急速升高;有些会引发恶性肿瘤；有些与其他化学物质一起作用引发恶性肿瘤;还有一些则通过引起基因突变攻击物种的遗传物质。除草剂和杀虫剂一样，包含一些非常危险的化学物质，因此，如果认为它们“安全”而不谨慎使用，可能会带来灾难性的后果。

尽管不断有新的化学物质从实验室中问世，但含砷化合物仍然使用广泛，既用作杀虫剂（如上文所述），也用作除草剂，这时，它们通常以亚砷酸钠的化学形式出现。它们的应用后果并不让人安心。作为路边喷洒剂，它们不仅导致许多农民失去了他们的奶牛，也杀死了无数的野生动物；作为湖泊和水库中的水生除草剂，它们使得公共水域不适合饮用甚至不适合游泳；作为喷施在土豆田里以摧毁藤蔓的药剂，它们已经让人类和其他生物付出了生命的代价。

在英国，这类化学物质喷施在土豆田的做法大约兴起于 1951 年，在此之前，人们用硫酸烧毁土豆藤蔓，后来硫酸短缺，这类化学物质的应用就广泛起来了。农业部认为有必要发出警告，告知人们进入喷施过砷剂的田地有危险，但牛（我们必须假设，野生动物和鸟类也同样）并无法理解这个警告，因此，就不断出现牛砷剂中毒的相关报告。后来，一个农妇也因接触被砷污染的水而中毒死亡。英国一家主要的化学公司在 1959 年停止了砷剂喷雾的生产，并召回了经销商手中还未出售的产品。不久之后，农业部宣布，由于对人和牲畜的高度危险，将对亚砷酸盐的使用加以限制。1961 年，澳大利亚政府宣布了类似的禁令。然而，美国并没有类似的限制。一些二硝基化合物也被用作除草剂。在美国使用的所有这类物质中，它们被划入最危险的行列。二硝基酚是一种很强的新陈代谢刺激剂。因此，它曾一度被用作减肥药，但是减肥用的剂量与中毒或致死的剂量之间的差距很小，以至于不少使用者因此遭受了永久性伤害，甚至死亡。因此，这种药物的使用最终被叫停。

一种同类的化学物质——五氯苯酚，有时也被称为“五氯酚”，也被用作除草剂和杀虫剂，通常被喷洒在铁路轨道和荒废地区。无论是对细菌还是对人类，五氯酚对大范围的有机体来说都有很强的毒性。和二硝基化合物一样，五氯苯酚经常干扰机体的能量来源，通常是致命的，受影响的有机体几乎会烧毁自己（就是字面意思）。它可怕的影响在加利福尼亚卫生部最近报告的一起致命事故中得到充分体现。一名油罐车司机把柴油和五氯苯酚混合在一起，想配制一种棉花脱叶剂。当他从桶中抽取这种浓缩化合物时，桶塞不小心掉进了桶里，他徒手伸进桶里拿出了桶塞。尽管他马上洗了手，但还是得了急病，第二天就去世了。

使用亚砷酸钠或酚类除草剂的后果非常明显，但一些其他除草剂的效果则更为隐蔽。例如氨基三唑，现在著名的蔓越莓除草剂，被归入具有相对较低毒性的行列。但它会导致甲状腺恶性肿瘤，从长远来说，其对野生动物和人类的影响更为严重。

在除草剂中，有些被归类为“突变剂”，也就是能够改变遗传物质基因的物质。我们对辐射造成的遗传性影响感到震惊，这很正常，那么，对于在环境里大量散播的这些同样会造成遗传性影响的化学物质，我们怎么又漠不关心了呢?

第四章
地表水与地下水

在所有自然资源中，水是最宝贵的资源。虽然地球的绝大部分表面被环绕的海洋所覆盖，我们拥有丰富的水资源，但是水对我们来说却是非常稀缺的。由于海水中含有大量的盐分，地球上大部分水资源并不适用于农业、工业或人类生活用水，因此，世界上大部分人口要么正缺水，要么面临着严重的水资源短缺的威胁。在这个时代，人们已经忘记了自己的起源，甚至对生存的最基本需求也视而不见，水和其他资源一样，已成为人类漠不关心的牺牲品。

只有将杀虫剂造成的水污染问题放在整个人类环境的污染这一背景下来理解时，我们才能明白这个问题的严重性。进入我们水系的污染物有许多来源：有核反应堆，实验室和医院排放的放射性废物，核爆炸的散落物，也有城镇的生活废物，还有工厂的化学废物。除此之外，现在又增加了新的悬浮物——喷洒在农田、花园、森林里的化学喷剂。这些化学制剂中的许多物质对人的有害影响不仅与辐射的影响相似，其危害程度甚至超过了辐射的。在各类化学制剂之间也存在一些险恶且不为人知的相互作用、转化和效应叠加。

自从化学家合成出自然界从未有过的物质，水净化的问题就变得错综复杂，使用水的风险也变高了。如前所述，这些合成化学品的大规模生产开始于 20 世纪 40 年代。大量合成化学品的生产速度如此之快，以至于每天都有排放量惊人的化学污染物被排入这个国家的水道中。这些化学物质与排入同一水域的家庭废物和其他废物不可避免地混合在一起，水厂采用的普通方法有时没办法把这些化学物质检测出来。这些化学物质中的大多数都非常稳定，用普通的方法无法将其分解，有时甚至无法被识别。河流里各种各样的污染物混合在一起产生沉积，卫生工程师对此都束手无策，只能绝望地称这种沉积为“垃圾泥”。麻省理工学院的洛夫·埃利森教授在国会委员会作证时指出；无法预测这些化学物质的综合效应，也无法识别由混合物产生的有机物。埃利森教授说：“我们根本不知道那是什么，对人们有什么影响，我们对这些一无所知。”

为控制害虫、啮齿类动物或杂草等而使用的化学物质也助长了这些有机污染物的日益增加。其中，有些化学物质被特意投放到水体中，以去除水生植物、昆虫幼虫或不想要的鱼类；有些则来自森林喷洒，这些喷洒是针对某一种害虫，可能一个州就覆盖两三百万英亩的土地，喷洒物直接落入溪流，或者从树冠滴落到森林的土壤中，成为缓慢渗流水的一部分，开始了漫长的通往大海的旅程。这些污染物中很大一部分是用于农业的化学物质的水溶性残留物，几百万磅的化学物质被施用在农田中以控制害虫或啮齿类动物，雨水把它们从地面冲刷出来，汇聚在一起流向海洋。

各地都有证据表明这些化学物质存在于溪流，甚至公共用水中，这些证据令人触目惊心。例如，某实验室用从宾夕法尼亚州一个果园区域抽取的饮用水样本进行测试，发现该样本中含有的杀虫剂，足以在四小时内杀死所有用于测试的鱼类。流经喷洒过农药的棉花田的溪水，即使经过净化厂处理后，对鱼类来说仍是致命的。在亚拉巴马州，径流经过喷洒过毒杀芬（八氯莰烯，一种氯化碳氢化合物）的田地，造成田纳西河 15 条支流中的鱼全部死亡，其中 2 条支流还是市政供水的水源；而喷洒杀虫剂的一个星期后，下游铁笼里的金鱼每天都有翻肚皮死亡的，这足以证明支流的水仍然有毒。

大多数情况下，这种污染是看不见的，只有在数百或上千条鱼死亡时才会为人所知，更多时候根本无法察觉。守护水质纯净的化学家并没有对这些有机污染物进行常规检测，也没有办法清除它们。但是，无论检测与否，这些杀虫剂都存在，任何如此大规模地施用于地表的此类物质，现在都已经进入了这个国家大部分甚至可能所有的主要水系中。

如果有人对杀虫剂是否已经普遍污染我们的水域有所疑问，他可以读一读美国鱼类及野生动植物管理局在 1960 年发布的一份报告。该部门的研究目的是要了解鱼类是否像恒温动物一样，体内组织中有杀虫剂的驻留。第一批样本取自西部森林地区，那里为了控制云杉蚜虫进行了大规模的 DDT 喷洒。正如预料的那样，所有鱼类体内都检测到了 DDT。为了进行比较，研究者从距最近的蚜虫控制喷洒区大约 30 英里[①]远的一个小溪里取样，得到了真正有意义的发现。这条小溪位于第一批取样点的上游，中间还隔着一个很高的瀑布，据了解，该地区没有进行过任何喷洒。但是，这里取样的鱼体内也检测到了 DDT。这种化学物质是通过隐秘的地下水到达这条偏远的小溪的吗？还是它通过空气传播，作为落尘降落在小溪的表面？在另一项比较研究中，一个孵化场里的鱼组织中也含有 DDT，而这个孵化场的水源来自一口深井。同样，当地没有任何喷洒的记录，唯一可能的污染方式似乎是通过地下水。

在水污染问题上，可能没有什么比地下水受到大范围污染带来的威胁更令人不安的了。无论在哪里的水中投放了杀虫剂，都不可避免地会影响到各地水的纯净。自然界的运转很少，甚至从来没有仅在封闭和独立的空间进行的，地球上的水资源的分配和供应也不会如此。雨水落在陆地上，通过土壤和岩石的孔隙及裂缝渗透，不断深入，直到最终到达一个区域。这个区域里岩石的所有孔隙都充满了水，这是

① 译者注：英里为英美制长度单位，1 英里约为 1609.3 米。

一个黑暗的地下海洋，高高低低游走在山丘和河谷的下面。地下水一直在流动，有时速度非常缓慢，一年的移动都不超过 50 英尺[①]，有时相对速度又很快，一天之内可以移动近十分之一英里。地下水在看不见的水道中流动，时不时以泉水的形式涌出地面，或者被引到一口水井里。但大多数情况下，地下水汇入小溪，进而汇入河流。除了雨水或地表径流直接汇入溪流，地球上所有流动的水都曾经是地下水。因此，从一个极为真实且令人不寒而栗的意义上说，地下水被污染就意味着世界上所有的水源都被污染了。

科罗拉多州的一家制造厂的有毒化学物质一定是通过这样一片黑暗的地下海洋传播到几英里外的一个农业区，污染了那里的井水，使人类和牲畜生病，同时损害了农作物。这一异乎寻常的事件可能只是许多类似案例中的一个而已。这个事件的来龙去脉是这样的：1943 年，在丹佛附近，隶属于化学兵团的洛基山军械库开始制造军用物资。8 年后，该军械库的设施被租借给一家私营石油公司，用于生产杀虫剂。然而，在运营变更之前，就已经有一些不可思议的情况发生了。距军械库几英里外的农民报告称家畜出现了不明原因的疾病，农作物也遭受了大面积的毁坏——作物的叶子变黄，植物长不大，许多农作物已完全枯死，没有一点生机。另外还有一些人患病的报告，可能也与之相关。

这些农场的灌溉水来自浅井。1959 年，一项由几个州和联邦机构共同参与的调查显示，被检测的井水中含有各种化学物质。而洛基山军械库生产期间排放氯化物、氯酸盐、膦酸盐、氟化物和砷到蓄水池中。显然，军械库和农场之间的地下水已经被污染，这些被污染的地下水花了 7 ～ 8 年的时间在地下流动了大约 3 英里的距离，从蓄水池到达最近的农场。这种渗透一直在不断扩张，污染了不知道多大范围的区域。调查人员完全不知道要如何控制这种污染并阻止其进一步

① 译者注：英尺为英美制长度单位，1 英尺约为 0.3048 米。

扩大。

这一切已经够糟糕的了，但在整个事件中最让人费解、从长远来看可能最重要的是：在一些井里和军械库的蓄水池里发现了除草剂二氯苯氧乙酸。当然，二氯苯氧乙酸的存在足以解释为什么用这种水灌溉的农作物会受到损害，但令人难以理解的是，军械库在生产军用物资期间的任何阶段都没有生产过二氯苯氧乙酸。

经过长时间、认真地研究，工厂的化学家得出的结论是，二氯苯氧乙酸是在露天池里自然合成的，是军械库排放的其他物质在空气、水和阳光的作用下，在完全没有人类化学家干预的情况下，自然合成的。蓄水池变成了生产新化学物质的实验室，这种化学物质给接触到它的许多植物带来了致命的损害。

科罗拉多农场及其受损作物的故事对各地来说都有重要意义。我们不禁思考：除了科罗拉多，其他地方是否也有化学污染物进入公共水域的情况？在各地的湖泊和溪流中，那些被标记为“无害”的化学物质在空气和阳光的催化作用下会生成哪种危险物质？

水的化学污染最令人担忧的一个方面就是，河流、湖泊或水库中的水，甚至是人们餐桌上的一杯水，都含有化学物质，而这些化学物质是任何负责任的化学家都不会在实验室里合成的。这些自由混合在一起的化学物质之间发生相互作用的可能性让美国公共卫生服务管理局的官员深感不安，他们担心，相对无害的化学物质生成有害物质的情况可能在相当大的范围内发生。这些反应可能是两种或多种化学物质之间的结合，也可能是化学物质和不断被排入河流中的放射性废物之间的结合。在电离辐射的影响下，很容易发生原子的重新排列，这将改变化学物质的性质，这种改变既无法预测也无法控制。

当然，不仅仅是地下水受到污染，流动的地表水——小溪、河流和灌溉水也受到了污染。加利福尼亚的图里湖国家野生动物保护区和下克拉马斯湖国家野生动物保护区的情况提供了证据，情况令人不安。这两个保护区和俄勒冈州边上的上克拉马斯湖保护区同属于一个保护区系列。这几个保护区共享水源，它们就像小岛一样，被周遭广阔的农田包围，且受到它们的影响。这些农田起初是沼泽地和开阔水域，是水鸟的天堂，后来经过排水和河流改道被改造成农田。

现在，这些保护区周围的农田是由上克拉马斯湖的水灌溉的。灌溉农田溢出的水又被重新收集，然后被泵入图里湖，再从那里流入下克拉马斯湖。所以，这两片水域上的野生动物保护区的水体就是农业用地的排水，记住这一点很重要，我们要将其与随后发生的事件联系起来。

1960 年夏天，在图里湖和下克拉马斯湖，保护区工作人员捡到了数百只已经死去或濒临死亡的鸟。这些鸟包括苍鹭、鹈鹕、䴙䴘、海鸥，大多数以鱼为主食。经分析发现，它们体内含有杀虫剂残留物，包括八氯莰烯、DDD 和 DDE①。而在这两个湖里采集的鱼体内也发现了杀虫剂，浮游生物样本也是如此。保护区的管理者认为，农田喷洒了大量杀虫剂，灌溉农田溢出的水流将杀虫剂残留物带入这些保护区的水域中并慢慢累积。

保护区的初衷是保护生物，但水质严重毒化违背了这一初衷。每一个西部鸭猎人，和每一个觉得黄昏时分水鸟飘过天空的景象和声音十分珍贵的人，应该都能感受到这种变化。这些特别的保护区在西部水鸟保护中占据着关键位置。保护区位于所有迁徙路线构成的太平洋飞行路线的交会点上，像是一个漏斗狭长的颈部。在秋季迁徙期间，这两个野生动物保护区会迎来从白令海沿岸至哈德逊湾的栖息地飞来的数百万只鸭子和鹅，这些水禽几乎占据了在秋季南迁至太平洋沿岸各州水禽数量的四分之三。夏天，这两个保护区为水禽，特别是两种濒危物种——红头鸭和红额鸭，提供繁殖区域。因此，如果这两个保护区的湖泊和池塘受到严重污染，那么对远西地区水禽种群的损害可能是无法修复的。

---

① 译者注：DDD 和 DDE 是 DDT 的两种主要代谢产物和降解产物。

我们也要从水所支持的生命链的角度来看水，从微小如尘的浮游植物的绿色细胞开始，到吞噬这些浮游生物的小水蚤和鱼类，再到捕食这些水蚤和鱼类的其他鱼类、鸟类、水貂、浣熊，物质的交换就这样在生命与生命之间无休止地循环着。我们知道水中的基础矿物质就是这样从食物链的一环传递到另一环，如果说投入水中的有毒物质不会如此进入这些自然的循环，这可能吗？

我们可以从加利福尼亚州清水湖的惊人变化里找到答案。清水湖位于旧金山以北约 90 英里的山区，长期以来受到垂钓者的欢迎。清水湖这个名字名不副实，因为这个湖很浅，湖底又覆盖着黑色淤泥，所以它实际上是一个相当浑浊的湖。对于渔民和湖畔的度假居民来说，不幸的是，清水湖的水域为一种小飞虫——清水湖幽蚊提供了理想的栖息地。虽然这种小飞虫与蚊子关系密切，但它并不吸血，成年后可能根本不进食。然而，与它共享栖息地的人类非常讨厌它，因为它数量众多。起初，人们试图控制这些小飞虫，但努力基本上是徒劳的，直到 20 世纪 40 年代末，氯化烃类杀虫剂提供了新的武器。用来进行新一轮攻击的化学物质是 DDD，它是 DDT 的近亲，但对鱼类生命的威胁明显要小得多。

1949 年采取的控制措施是经过精心计划的，几乎没人能想到这会造成什么伤害。人们对清水湖进行勘测，确定了湖水的体积，并以很大的比例稀释杀虫剂，每一份杀虫剂和水的比例是 1 ∶ 7000 万。起初，这个杀虫剂能很好地控制清水湖幽蚊，但到了 1954 年，人们不得不对清水湖再次进行杀虫操作，这次杀虫剂和水的稀释比例是 1 ∶ 5000 万。这次，小飞虫几乎被消灭光了。

随后的冬季开始出现了其他生命也受到影响的迹象：清水湖里的西部䴙䴘开始死亡，死亡数量很快超过 100 只。受湖中丰富的鱼类所吸引，西部䴙䴘这种繁殖期鸟类是清水湖常见的冬季访客。这种鸟外形美丽，习性让人喜欢，它们在美国西部和加拿大的浅水湖泊中筑起浮动的鸟巢。它被称为“天鹅䴙䴘”，这么叫它是有原因的，它在湖

面上滑行时很少会泛起涟漪，身体低低浮出水面，高高地昂着白色的脖子和闪亮的黑色头颅。新孵化出来的雏鸟披着柔软的灰色绒毛，出生没几个小时，雏鸟就下水了，它们骑在父母的背上，或是蜷缩在父母的翅膀下。

1957 年，在对不断复苏的小飞虫进行了第三轮喷药处理后，更多的䴙䴘死亡了。与 1954 年的情况一样，对死亡的鸟类进行检测时并没有发现传染病的迹象，但是在其脂肪组织中发现了 DDD，而且浓度惊人的高，达到了 1600 ppm。

药物在水中的最大浓度是 0.02 ppm，这种化学物质是如何在䴙䴘体内累积到如此巨大的浓度的？答案很明显，䴙䴘是以鱼为食的。在人们对清水湖中的鱼类进行分析后，情况就变得清楚了：毒素被最小的生物体吸收，在其体内聚集，然后传递给更大的捕食者。浮游生物体内的杀虫剂浓度差不多达到 5 ppm（约是水中最大浓度的 25[①] 倍），以水中植物为主食的鱼类体内杀虫剂浓度达到 40 ～ 300 ppm，而以鱼为食的生物体内累积的杀虫剂浓度最高，其中一种褐色的大头鱼，其体内杀虫剂的浓度达到了惊人的 2500 ppm。这就像《杰克建造的小屋》[②] 那首童谣里描述的连锁反应一样，浮游生物从水中吸收了毒素，食草动物吃掉了浮游生物，小型食肉动物吃掉了食草动物，而大型食肉动物吃掉了小型食肉动物，就这样毒素越积越多。

后来，人们有了更不寻常的发现。在最后一次施用化学物质不久后，水中已经找不到 DDD 的痕迹。但毒素并没有真正离开清水湖，它只是进入了清水湖中生物的体内，驻留在其组织里。在施用化学物质 23 个月后，浮游生物体内仍然含有高达 5.3 ppm 的 DDD。在这将近两年的时间里，已经有连续几代的浮游生物出现后消亡，湖水中虽然没再检测到毒素，但浮游生物体内的毒素却一代代地传递下去。同

① 译者注：若按原文数据计算应为 250 倍，推测原文存在笔误。

② 译者注：《杰克建造的小屋》是一首经典英文童谣，这首童谣通过层层递进的重复叙事结构，描述了一系列连锁事件。此处作者借这个童谣来比喻生态系统中的生物放大作用。

时，毒素也继续存在于湖中动物的体内。在施用化学物质一年后，检测发现鱼类、鸟类和青蛙体内仍然含有 DDD，而且动物体内的浓度通常超过水中原始浓度的许多倍，其中有些鱼类是在最后一次喷洒 DDD 的 9 个月之后才孵化的。䴙䴘和加利福尼亚海鸥体内的浓度累积超过 2000 ppm。与此同时，筑巢聚居的䴙䴘也减少了——在 1949 年第一次使用杀虫剂前，清水湖范围有 1000 多对䴙䴘筑巢，到 1960 年仅剩大约 30 对。这 30 对筑的巢似乎也白筑了，因为自从最后一次在湖水中施用 DDD 后，湖上再也没有出现过小䴙䴘。

整个毒链似乎是从微小生物开始，它们是化学物质浓缩的第一环，而对于食物链另一端的人类来说，情况又如何呢？人类很可能对发生的这一系列事件一无所知，他们已经装好了渔具，从清水湖的水域里捕捞了一串鱼，把它们带回家油炸当作晚餐。单次大剂量摄入或小剂量累积的 DDD 对食用了这些鱼的人会有什么影响呢？

尽管加利福尼亚州公共卫生部门声称检测结果并未预示有危险，但在 1959 年，该部门还是要求停止在湖中使用 DDD。已有科学证据证明这种化学物质具有强大的生物学效能，鉴于此，这一措施只能起到最小的安全保障作用。DDD 的生物学效能在杀虫剂中可能是独一无二的，因为它能破坏肾上腺的外层细胞，即分泌皮质激素的肾上腺皮质细胞。DDD 这种破坏性效应自 1948 年就为人所知，最初人们认为这种破坏效应只发生在狗身上，因为在猴子、大鼠或兔子等受试动物中并未出现这一现象。然而，有迹象表明，DDD 在狗身上产生的影响与艾迪生病（原发性肾上腺皮质功能减退症）患者的状况非常相似。近期的医学研究揭示，DDD 确实有强烈抑制人类肾上腺皮质的功能，其破坏细胞的能力，目前在临床上被用来治疗一种罕见的发生在肾上腺的癌症。

清水湖的情况让公众面临这样一个问题：使用对生理过程有如此强烈影响的物质来控制昆虫，特别是这些控制措施需要将化学物质直接投放到水体中，这么做是否明智？是否可取？杀虫剂施用的浓度很低这一事实毫无意义，其在湖中自然食物链中的爆发性进程已经说明了这一点。然而，为了解决一个明显且通常微不足道的小问题，而带来一个更为严重却不那么容易察觉的大问题，这种情况很多，并且有不断增加的趋势。清水湖就是一个很典型的例子。在这里，小飞虫让人不堪其扰，虽然这些小飞虫的问题解决了，但代价却是让所有从湖中取食或饮水的人来承担风险，没有人告知他们面临什么样的风险，甚至可能也没人清楚这是什么样的风险。

专门往水库里投入有毒物质正成为一种相当普遍的做法，这是令人非常吃惊的事实。这么做的目的通常是为了休闲娱乐用途而改善水质，即使在此之后必须花费一定的代价对水进行处理，才能适合饮用。当一个地方的体育爱好者想要“改善”在水库中捕鱼的活动时，他们会说服当局往水库里倾倒大量的有毒物质以杀死不想要的鱼类，然后替换为更适合体育爱好者口味的孵化场鱼类。这个过程很奇怪，甚至像爱丽丝梦游仙境般带点魔幻。水库本是作为公共水源而建造的，但为了迎合体育爱好者，在未征求社区居民意见的情况下，就对水库实行了“改善”项目。对于社区居民来说，要么只能饮用含有有毒残留物的水，要么就不得不支付税金来去除水中的毒素——尽管这些处理方法绝不是万无一失的。

地下水和地表水被杀虫剂和其他化学物质污染，致使有毒且可能致癌的物质进入公共水源。美国国家癌症研究所的休勃博士警告说：“在可预见的未来，因饮用受污染的水而患癌的风险将显著增加。”确实，20 世纪 50 年代初在荷兰进行的一项研究支持了这一观点，其结果表明受污染的水道可能有致癌风险。以河水为饮用水的城市，其居民的癌症死亡率高于那些以井水为饮用水的城市，因为井水受到的污染相对较少。砷，这种自然环境中存在的物质，已明确其会导致人类罹患癌症。历史上两个受污染的水源导致了大范围居民患癌的案例都与之有关，一个案例中的砷来自采矿作业的矿渣堆，而另一个案例中的砷则来自天然高砷含量的岩石。大量使用含杀虫剂，很可能让上述案例再度发生。喷洒了杀虫剂的土壤会因为砷而变得有毒，然后雨水带着土壤里的砷流入小溪、河流和水库，以及广阔的地下水。

这些事实再次提醒我们，在自然中没有什么是孤立存在的。为了更清楚地了解我们的世界是如何被污染的，我们现在必须看看地球的另一个基本资源——土壤。

第五章
土壤的王国

薄薄的土壤层覆盖在陆地上形成了斑驳的覆盖层，主宰着人类和陆地上其他生物的命运。正如我们所知，没有土壤，陆地植物就无法生长，而没有植物，动物就无法生存。

然而，如果说我们以农业为基础的生活取决于土壤，那么同样地，土壤也依赖于生命。土壤的起源和其天然特性的保持，与生存在其上的生物息息相关。因为土壤本身就是生命创造的一部分，是生命与非生命在漫长的时间长河里相互作用的奇妙产物。火山喷发时的火热岩浆带出来的物质，水流冲刷陆地上裸露的岩石——包括最坚硬的花岗岩——产生的物质，以及因冰霜而碎裂的岩石，这些物质汇聚在一起就是土壤的前身。然后，生物开始发挥它们的创造魔力，一点一点地，把这些不活泼的材料变成了土壤。地衣，岩石上最初的覆盖物，用其酸性分泌物促进了分解过程，并为其他生命提供栖息地。苔藓在初期土壤的小间隙里扎根。这些土壤是由地衣的碎屑、微小昆虫的外壳，以及源自海洋的动物群的残骸组成的。

生命形成了土壤，土壤中有着数量惊人、种类繁多的生物，如果没有这些生物，土壤将是死气沉沉和荒芜贫瘠的。正是由于土壤中的无数生物的存在和活动，土壤才能够支撑地球上的绿色覆盖层。

土壤处于不断变化的状态，参与着无休止的循环。随着岩石瓦

解、有机物腐烂、氮气和其他气体随着雨水从天而降，土壤中不断产生新的物质。与此同时，土壤中另外一些物质被生物“借用”，微妙却又极其重要的化学变化不断发生，将空气和水里的元素转化为植物可利用的形式。在所有这些变化中，生物体是积极的媒介。

对土壤中存在的庞大生物群体的研究十分有趣，但却很少有人关注。我们对于将土壤有机体之间联系在一起以及将它们的世界与地面上的世界联系在一起的线索知之甚少。

土壤中最重要的有机体或许是肉眼看不见的细菌和丝状真菌的宿主，它们的数量堪称天文数字。一茶匙表层土壤中可能含有数十亿个细菌，尽管它们体积微小，但在一英亩肥沃土壤一英尺厚的表层土中，这些细菌的总重量可能高达1000磅。射线真菌，一种长线状的菌丝，数量比细菌少一些，但由于它们体积较大，因此它们在一定量土壤中的总重量可能和细菌的差不多。这些生物和被称为藻类的小型绿色细胞，共同构成了土壤中的微观植物生命体。

细菌、真菌和藻类是分解过程的主要参与者，它们将植物和动物残体分解成矿物质。没有这些微生物，碳和氮等化学元素在土壤、空气和生物组织之间的庞大循环运动就无法进行。例如，尽管周围的空气都含有氮，但若是没有固氮细菌，植物也会因缺氮而死。其他有机体生成二氧化碳，而二氧化碳有助于岩石的分解。还有一些土壤微生物通过各种氧化反应和还原反应，将铁、锰、硫等矿物质转化，供植物吸收。

土壤中数量惊人的生物还有微小的螨虫和被称为“弹尾虫”的原始无翅昆虫。尽管它们体积小，但它们在分解植物的枯枝败叶、促进森林地面的落叶缓慢转化为土壤等过程中扮演着重要角色。为完成这些分解任务，这些微小生物所具备的一些特性令人难以置信。例如，有几种螨虫只能在云杉树落下的针叶中开始生命的旅程。它们停留在针叶内部，把针叶内的组织消化干净，当这个阶段完成时，针叶只剩下细胞的外层。分解每年落叶季节掉落的大量残枝败叶才是真正艰巨的任务，一些在生活在土壤里和森林表面的小昆虫负责完成这项任务。它们把叶子浸软、消化，并促进分解的物质与表层土壤混合。

除了这一大群微小但不停劳作的生物，当然还有很多更大型的生物，因为依赖土壤生存的生物涵盖了从细菌到哺乳动物的所有形态。有些是黑暗的亚表层的永久居民，有些在地下洞穴中冬眠或度过它们特定的生命周期，还有些生物自由地在它们的洞穴和地上世界之间穿梭。总的来说，栖息于土壤中的生物对于疏松土壤、改善排水以及让水分更好地渗透到植物各生长层具有重要作用。

在所有较大的土壤生物中，蚯蚓可能是最重要的一种。大约75年前，查尔斯·达尔文[①]出版了一本书，名为《蠕虫行为对腐殖土形成的影响及对蠕虫习性的观察》。在这本书中，他首次向世人展示了蚯蚓作为地质营力在土壤运输中的基本作用。他描述了这么一幅画面：蚯蚓从下方翻上来的沃土逐渐将表层岩石覆盖（在最理想的情况下，每年由蚯蚓翻上来的土可以达到每英亩数吨），同时，树叶和草里的大量有机物质（在6个月内每平方码[②]可达20磅）被拉入洞穴并与土壤融合在一起。根据达尔文的计算，蚯蚓的活动可能会在10年的时间里使土壤层的厚度从1英寸[③]增加到1.5英寸。这还不是蚯蚓的全部功能。蚯蚓的洞穴可以使土壤透气，保持良好的排水，还有助于植物根系的穿透；蚯蚓的存在增强了土壤细菌的硝化作用，减少了土壤的腐败；有机物质在蚯蚓的消化道里分解，土壤则因蚯蚓的排泄物而变得更肥沃。

地球上的土壤群落仿佛一个相互交织的生命之网，生命与生命以这样或那样的方式联系在一起。生物依赖于土壤，而反过来只有当这个土壤群落繁荣兴旺时，土壤才能成为生机勃勃的地球的一部分。

在这里，很少有人考虑到我们所关心的问题：有毒的化学物质有

---

① 译者注：查尔斯·达尔文，英国生物学家，“进化论”的奠基人。
② 译者注：平方码为英美制面积单位，1平方码等于0.836平方米。
③ 译者注：英寸为英美制长度单位，1英寸等于2.54厘米。

作为土壤“消毒剂”直接进入土壤的，也有雨水冲刷森林、果园和农田的植冠时把致命的污染物带进土壤里的，当这些化学物质进入土壤生物栖息的世界时，土壤中那些数量惊人且至关重要的生物，它们会发生什么变化呢？如果说，我们能用广谱杀虫剂把破坏作物的穴居昆虫扼杀在幼虫时期，同时又不会使分解有机物的“益虫”被杀死；或者说，我们可以使用非特异性杀菌剂，同时又不会使许多与树木根系共生并帮助树木从土壤中提取养分的真菌被杀死，这么假设合理吗？

答案显而易见，但事实上大部分科学家几乎都忽视了这个至关重要的土壤生态学问题，而虫害防控人员则几乎完全无视这个问题。用化学制剂来控制昆虫似乎是基于这样一个假设：土壤会承受各种有毒物质的伤害，而且绝不会报复回去。人们很大程度上忽略了土壤世界的本质。

为数不多的几项研究已经表明，杀虫剂对土壤的影响正在慢慢显现。这些研究结论并不完全一致，这并不奇怪。因为土壤类型差异很大，在一种土壤中造成危害的物质在另一种土壤中可能是无害的。轻沙土受到的影响就比腐殖土受到的影响要大得多，而各种化学制剂结合起来用就比单用一种化学制剂造成的危害大得多。尽管结果各异，但越来越多的确凿证据表明土壤受到了伤害，这引起了许多科学家的担忧。

在某些情形下，生命世界核心的化学转化过程已经受到影响。将大气中的氮转化为植物可用形态的硝化作用就是一个例子。除草剂二氯苯氧乙酸会暂时中断硝化作用。

佛罗里达州最近的实验表明，林丹、七氯和六氯化苯在土壤中停留仅两周后就造成了硝化作用的减弱，六氯化苯和 DDT 在施用一年后仍对土壤有致命的影响。在一些其他实验中，六氯化苯、艾氏剂、林丹、七氯和 DDD 都阻碍了固氮细菌在豆科植物上形成根瘤，而这个根瘤对豆科植物来说很必要；真菌与更高大植物根部之间的一种奇特但有益的关系受到了严重破坏。

有时问题在于破坏了生物种群间微妙的平衡，而这种平衡在自然界往往有深远意义。一些土壤生物的数量因杀虫剂的施用而减少，捕食者与被捕食者的平衡被打破，另一些土壤生物的数量就会急剧增加。

这些变化很容易改变土壤的代谢活动，影响其生产力，还意味着以前受到制约的潜在有害生物可能会逃脱自然控制，泛滥成灾。

在土壤中施用杀虫剂，需要记住的最重要的事情之一就是它们在土壤中停留的长期性，这不是以月而是以年为单位来衡量的。艾氏剂在施用 4 年后仍能被检测到，除了微量的残留，更多的则转化为异艾氏剂；用八氯莰烯消灭白蚁，施用 10 年后的沙质土壤中仍有大量残留；六氯化苯在土壤中至少可以持续残留 11 年；七氯或毒性更强的衍生化合物至少能持续残留 9 年；氯丹在施用 12 年后仍有残留，其残留浓度是原始浓度的 15%。

数年间施用的看似适度剂量的杀虫剂可能会在土壤中累积到惊人的浓度。由于氯化烃顽固、长久地停留在土壤里，因此每次施用都是上一次施用残留上的叠加。如果重复喷洒，那么“每英亩施用一磅 DDT 是不会带来损害的”这种老说法就毫无意义。土豆种植园的土壤中就发现高达每英亩 15 磅的 DDT，种植玉米的土壤中 DDT 含量高达每英亩 19 磅。研究发现，一块蔓越莓沼泽中的 DDT 含量达到了每英亩 34.5 磅。苹果园的土壤似乎达到了污染的顶峰，DDT 的累积速度几乎与其每年施用的速度保持同步。即使在一季里，果园喷洒 4 次或更多，DDT 残留物的累积可能会达到每英亩 30 ～ 50 磅的高峰。随着多年来的重复喷洒，树木间土壤 DDT 残留的浓度达到每英亩 26 ～ 60 磅；在树下，浓度可高达每英亩 113 磅。

还有砷，它对土壤的污染几乎是永久性的。尽管自 20 世纪 40 年代中期以来，在烟草种植中，合成有机杀虫剂已大量取代了含砷喷洒剂，但 1952 年美国种植的烟草制成的香烟中砷含量比 1932 年的增加了300%以上。之后的研究表明，砷含量增加幅度高达600%。砷毒理学专家亨利·S.萨特利博士表示，尽管有机杀虫剂已在很大程度上取代了砷，但烟草植物一直在持续不断地吸收砷，这是因为烟草种植园的土壤被大量、相对来说不易溶解的有毒物质砷酸铅的残留物完全浸透，而这种残留物会不断释放可溶性的砷。根据萨特利博士的说法，种植烟草的大部分地区的土壤都遭受了“累积且几乎永久性的中毒”。在东地中海国家种植的烟草，由于没有使用含砷的杀虫剂，因此并没有出现砷含量大幅增加的情形。

因此，我们面临第二个问题：我们不仅要关注土壤里发生了什么，还要考虑杀虫剂通过受污染的土壤被植物吸收，进入植物组织达到了何种程度。这在很大程度上取决于土壤类型、作物种类以及杀虫剂的性质和浓度。含有丰富有机质的土壤释放的毒素量要比其他类型土壤释放的毒素量小。研究表明，与其他作物相比，胡萝卜吸收的杀虫剂最多，如果使用的化学杀虫剂恰好是林丹，那么胡萝卜实际上累积的浓度甚至高于土壤中的浓度。因此，将来要选择种植某种作物之前，可能需要先分析土壤中有哪些杀虫剂，否则即使作物未喷洒任何杀虫剂，光是从土壤中吸收的化学物质都有可能使其不适宜在市场上销售。

这种类型的污染至少给一家行业领先的婴儿食品制造商带来了无穷无尽的麻烦，该制造商一直不愿意购买任何使用过有毒杀虫剂的水果或蔬菜。给这家制造商带来最大麻烦的化学物质是六氯化苯，它经由植物的根和块茎吸收，并使植物散发出一股发霉的气味。加利福尼亚州的田地在两年前喷施过六氯化苯，现在种植的红薯都仍含有其残留物，导致种植者不得不弃用这些红薯。有一年，该制造商所有的红薯需求都是与南卡罗来纳州签订的，结果南卡罗来纳州大范围的土地受到污染，以至于该制造商不得不在市场上重新采购，造成了相当大的经济损失。多年来，在不同州种植的各种水果和蔬菜都有因受到污染而被该公司拒之门外的情况，其中最令人头疼的问题与花生有关。

在南部各州，花生通常与棉花交替种植，而在棉花种植时普遍会使用六氯化苯作为杀虫剂，所以之后在这片土壤中种植的花生就会吸收一定量的杀虫剂。实际上，微量的六氯化苯就足以让花生带上那种发霉的气味，而且这种化学物质会渗透到花生内部，无法被清除。对花生进行加工处理不但不会去除霉味，有时反而会让霉味更加明显。对于一个决心去除所有六氯化苯残留的制造商来说，唯一的选择就是拒绝所有喷洒过六氯化苯的农产品，以及所有产自受六氯化苯污染的土壤中的农产品。

有时，这种威胁针对的是作物本身，只要土壤中存在杀虫剂残留，这种威胁就会一直存在。有些杀虫剂会对敏感植物造成影响，如豆类、小麦、大麦或黑麦，杀虫剂会抑制这些植物的根部发育或阻碍幼苗生长。华盛顿和爱达荷州的啤酒花种植者的经历就是一个例子。1955 年春天，这些种植者中的许多人参与了一项大规模的项目，该项目的目的是控制草莓根象甲，这种昆虫的幼虫在啤酒花的根部泛滥成灾。在农业专家和杀虫剂制造商的建议下，他们选择了七氯作为杀虫剂。在施用杀虫剂一年后，被喷洒过的藤蔓开始枯萎和死亡，而未施用杀虫剂的地里的植物则没有出现问题。喷洒过杀虫剂和未喷洒过杀虫剂的田地上，作物的状态截然相反。于是种植者不得不花大价钱重新种植。但在一年之后，新长出来的作物仍然逃不开死亡的命运。四年后，施用过杀虫剂的土壤中仍然含有七氯残留，科学家都无法预测其毒性将持续多久，对如何改变现状也没能提出任何建议。之前，联邦政府的农业部宣布七氯可作为一种土壤处理剂在啤酒花上使用，直到 1959 年 3 月，农业部才意识到这个说法是非常错误的，并禁止了这一做法，但为时已晚，与此同时，啤酒花种植者也通过法律手段寻求补偿。

随着杀虫剂的持续施用，化学物质顽固地残留在土壤中并不断累积，我们肯定会遇到麻烦，这是 1960 年一群专家在雪城大学讨论土壤生态学时达成的共识。他们总结了使用化学物质和辐射“这些强大而人类对其知之甚少的工具”所带来的危害：“人类一些错误的行动可能导致土壤生产力遭到破坏，节肢动物很可能会在土壤中占据主导地位。”

第六章
地球的绿斗篷

水、土壤和由植物构成的地球的绿斗篷，共同为地球上的动物提供生命的支撑。植物利用太阳的能量生产出人类赖以生存的基本食物，如果离开了植物，人类是无法生存的，但现代人很少记得这一点，我们对植物的态度异常狭隘。如果我们看到某种植物有直接用途，就会加以培育；如果出于某种原因我们认为这种植物的存在不受待见或可有可无，我们可能会毫不犹豫地把它毁了。除了一些对人类或牲畜有毒的植物，或是挤占粮食作物生长空间的植物，许多植物之所以注定要被毁灭，仅仅是因为在人类狭隘的视角下，它们在错误的时间长在了错误的地方，还有许多植物被毁灭仅仅是因为它们和不受待见的植物长在一起。

地球上的植被是生命之网的一部分，植物与地球之间、植物与植物之间、植物与动物之间都有着密切且必要的联系。有时我们别无选择，不得不扰乱这些联系，但我们应该在行动之前深思熟虑，认识到我们的行为可能会对未来的世界产生遥远的影响。然而，当今的除草剂行业蓬勃发展，生产出来用于除草的化学物质销售量激增，用途不断扩大，很难让人能冷静、谨慎地看待这一切。

我们对自然景观不加思索地破坏，其中最悲惨的一个例子就是西部的鼠尾草地。这里正在进行一场大规模的行动，人们要摧毁鼠尾草并以牧草取而代之。如果有什么需要从历史的角度和自然景观的意义来说明问题的地方，那就是这里了。在这里，自然景观生动地展现了将它创造出来的各种力量的相互作用。它像一本翻开的书页展现在我们面前，我们可以通过它来了解这片土地为何是现在这个样子，以及我们为何应该保护它的完整性。然而，这些书页打开了，却无人阅读。

鼠尾草生长的地带是西部平原的高地和平原上方山脉的低坡地带，这片土地是因数百万年前落基山脉大幅隆起而形成的。这是一个气候极端恶劣的地方，冬季漫长，暴风雪从山上席卷而下，平原上积雪深厚；夏季炎热，只有极少量的雨水，干旱深入土壤，干燥的风从植物叶片和茎秆中掠夺水分。

这片土地的演变必定经历了一个漫长的植物“试错期”，不同种类的植物都曾尝试过在这片经常刮大风的高地上扎根繁殖，但是一个个都失败了。最终，有一类植物不断进化，具备了生存所需的所有特质，它就是鼠尾草。鼠尾草是一种很矮的灌木，能在山坡和平原上立足，它的小灰叶能够抵御带走水分的风，使自身保有足够的水分。西部大平原成为鼠尾草地并非偶然，而是大自然经过漫长岁月不断试验的结果。

与植物一样，动物也在不断进化，以适应这片土地苛刻的条件。随着时间的推移，有两种动物像鼠尾草一样完美地适应了它们的栖息地，一种是哺乳动物中敏捷而优雅的叉角羚羊，另一种是艾草松鸡（刘易斯和克拉克地称之为“平原鸡”）。

鼠尾草和艾草松鸡似乎是为彼此而生的。艾草松鸡最初的活动范围与鼠尾草的一致，随着鼠尾草的减少，艾草松鸡的数量也减少了。对于这些平原上的艾草松鸡来说，鼠尾草就是一切。山麓地带的低矮鼠尾草为艾草松鸡的巢穴和幼鸟提供庇护，更茂密的鼠尾草丛则是它们闲逛和栖息的地方，在任何时候，鼠尾草都为它们提供主要的食物。实际上，艾草松鸡和鼠尾草之间是一种双向奔赴的关系。艾草

松鸡会把鼠尾草下方和周围的土壤刨松，帮助其他草类在鼠尾草丛中生长。

叉角羚羊也适应了有鼠尾草的生活。它们主要生活在平原地区，当冬天的第一场雪来临时，那些在高海拔山区度过夏天的叉角羚羊会转移到海拔较低的地区。在那里，鼠尾草为它们提供了过冬的食物。当其他植物的叶子都脱落时，只有鼠尾草仍然是绿的。在茂密的鼠尾草丛中，鼠尾草茎上长满了灰绿色的叶子——这些叶子有点苦，又带着芳香，富含蛋白质、脂肪和动物必需的矿物质。即使积雪堆积，鼠尾草的顶端仍然能露在积雪之上，或者叉角羚羊用它尖利的蹄子扒拉一下也能吃到。艾草松鸡也以鼠尾草为食，在大风刮过的裸露悬崖上，或在叉角羚羊扒开雪的地方进食。

其他生命也依赖鼠尾草生存，比如骡鹿。对于冬季以草为食的动物来说，鼠尾草是它们生存的保障。在许多牧场中，冬季几乎只生长着高大的鼠尾草，绵羊以此为食。一年里有一半的时间，绵羊以鼠尾草为主要饲料，因为它比苜蓿干草的能量价值更高。

贫瘠的平原高地，紫色的鼠尾草，灵敏的野生叉角羚羊和艾草松鸡，它们构成了一个完美平衡的自然系统。现在还是这样吗？至少在那些人类试图改造自然的地区，答案不再是肯定的，而这样的地区现在已经很广阔了，数量还在不断增加。土地管理机构以发展为名，开始满足牧场主对更多放牧场地的贪婪要求，而牧场主的要求就是没有鼠尾草的草地。于是，在这片自然界认为适合其他草类植物与鼠尾草混合生长，甚至是在鼠尾草庇护下生长的土地上，人们提议要消灭鼠尾草，创造连绵不断的草原。似乎很少有人关心，这样的草原是否能在这个地区稳定生长，而这是人们所期待的结局吗？当然，自然界自己的回答并非如此。在这片土地上，雨水奇缺，年降水量不足以支持形成良好的草皮，反而更有利于在鼠尾草庇护下生长的多年生野草生长。

然而，消灭鼠尾草的行动已经进行了好几年，多个政府部门都积极参与，工业界也热情地加入，发展和鼓励这一行动，因为消灭鼠尾草的行动不仅为草种提供了市场，还扩大了各种各样的割草、犁耕和播种机械的市场。最新加入的武器是化学制剂喷雾，现在每年都有数百万英亩的鼠尾草土地被喷洒了化学制剂。

这一行动的结果如何呢？消灭鼠尾草、播种上牧草，这一行为的最终影响在很大程度上仅仅依赖于人类的推测。熟悉土地运作规律的资深人士说，在这里，在鼠尾草下方和鼠尾草之间生长的草要比单纯生长的草长势好得多，因为没有了鼠尾草也就意味着失去了鼠尾草保持水分的作用。

即使这项行动的直接目标得以实现，但很明显，整个紧密交织的生命之网也早已被撕裂。随着鼠尾草的消失，叉角羚羊和艾草松鸡也会消失，骡鹿也会受到影响，而这片土地上的野生生物种群减少后，土地也因此变得更贫瘠，甚至连草场上即将放牧的牲畜——这些项目预期的受益者——也会受到伤害。即使夏天有再多郁郁葱葱的绿草，没有了鼠尾草、苦灌木和平原上其他的野生植被，羊群在冬季风暴中也不得不挨饿受冻。

这些是首要的影响，也是最明显的影响。次一级的影响总是与对自然的粗暴方式有关：喷洒化学制剂的同时也消灭了许多目标之外的植物。威廉·欧·道格拉斯大法官在他最近出版的书《我的荒野：东至卡塔丁》中，讲述了美国林业局在怀俄明州布里奇国家森林造成的令人震惊的生态破坏事件。林业局屈从于牧场主想要获得更多草地的压力，对约 1 万英亩的鼠尾草地喷洒了化学制剂。毫无疑问，鼠尾草被消灭了，但同时被消灭的还有那些原本充满活力、沿着弯弯曲曲的溪流延伸的绿柳枝条。麋鹿曾经生活在这些柳树丛中，柳树对它们来说就像鼠尾草对叉角羚羊一样重要。海狸也曾生活在那里，以柳树为食，把柳树弄倒在小溪上，筑起坚固的水坝。通过海狸的劳动，一个湖泊就这样形成了。山间溪流里的鳟鱼很少有超过 6 英寸长的。而在这样的湖里，它们长得很肥大，很多甚至达到了 5 磅重。水禽也被吸引到这个湖泊。仅仅因为柳树和依靠柳树为生的海狸的存在，这片区域便成了钓鱼和狩猎的休闲娱乐区，吸引了许多游客。

然而，随着林业局“改造”计划的实施，和鼠尾草一样，柳树也被无差别喷洒的化学制剂毁灭了。1959年，这个地区开始大规模喷洒化学制剂，同年，道格拉斯大法官旅行时来到该地区。看到柳树的枯萎和死亡，他震惊了，这是“范围巨大、让人难以置信的毁坏”。麋鹿会怎么样？海狸和它们建造的小小世界又会怎么样？一年后，他又回到这片被摧毁的土地上寻找答案。麋鹿消失了，海狸也不见了。那个主水坝因为没有了技艺高超的海狸建筑师的细心维护而坍塌，湖水也流光了。人鳟鱼一条也没剩下，因为它们无法在仅存的浅溪中生存。这条小溪蜿蜒穿过一片光秃秃、没有任何树荫的炎热土地。生物世界被摧毁了。

除了每年在超过400万英亩的牧场中喷洒化学制剂，为了控制野草，许多其他类型的土地也直接或间接地喷洒了化学制剂。例如，有一片大约5000万英亩的由公共事业公司管理的区域——比整个新英格兰还要大——该区域的很多地方都定期进行“灌木控制”处理。在西南部，约7500万英亩的豆科植物需要某种方式的控制，而化学喷洒成为最受推崇的方法。因为针叶林比较耐药，有一片面积很大的针叶林——具体多大不清楚——正在通过空中喷药的形式来“清除”针叶林中的杂木。1949年到1959年，施用除草剂的农田面积翻了一番，总计达到5300万英亩。到现在为止，使用化学制剂处理过的私人草坪、公园和高尔夫球场的总面积必定达到了一个天文数字。

化学除草剂是一种闪亮的新玩具，它们在以一种惊人的方式发挥作用，令使用它们的人轻易就获得一种掌控自然的陶醉感，至于它们带来的长期的、不太明显的影响往往被当作是悲观主义者毫无根据的臆想而被忽略。所谓的“农业工程师”们愉快地谈论“化学耕作”，在这个世界里，犁头变成了喷雾枪。成千上万个社区的官员乐于听取化学制剂销售员和迫切的承包商的推销，支付一定的金钱，让后者清理路边的杂草。承包商声称，用药物除草的价格可比人工割草的价格便宜多了。也许从官方文件中整整齐齐列出的数字来看，是便宜些，然而，如果将真实成本（不仅仅是以美元计的经济成本，还包括我们即将探讨的对自然环境的破坏及其他不可估量的损失）考虑在内，大规模喷洒化学制剂的做法成本其实是非常高的。

那么，全国各地商会都看重的游客评价又是怎样的呢？曾经美丽的路边景色被喷洒化学制剂后，一片棕色、枯萎的旷野取代了原本漂亮的蕨类和野花，以及点缀着花朵或浆果的本地灌木，对于这种变化，愤怒的抗议声越来越多。一名新英格兰州的女士愤怒地给当地报纸写信抱怨："我们把道路两边弄得脏兮兮、死气沉沉。我们花了那么多钱宣传当地美丽的风景，这可不是游客想要看到的风景。"

1960 年夏天，来自各州的环保人士聚集在缅因州一个宁静的岛屿上，见证岛主米利森特·托德·宾汉姆将该岛献给美国国家奥杜邦学会——一个致力于保护和恢复自然生态系统的组织——的仪式。那天的焦点是保护自然景观和错综复杂的生命之网，这个生命之网由从微生物到人类等各种生物之间的联系交织而成。但到访岛屿的环保人士的谈话中，无不流露出他们对沿途道路被破坏的愤慨。曾经，穿过常青森林的道路两旁种着月桂、甜蕨、桤木和越橘，沿着道路漫步是一种乐趣，现在却只剩棕褐色的荒凉之景。一名环保主义者在谈到八月那次缅因州之行时写道："我回来了……对缅因州路边的毁坏情况依然感到愤怒。几年前，高速路两旁长满了野花和迷人的灌木，而现在却只剩下死亡植被的残骸……作为一个经济命题，这些景象所带来的负面游客评价，缅因州能否承受呢？"

在全国范围内正在进行的以控制路边灌木的名义造成的无意识的破坏，缅因州路边的情况就是一个例子，而对于我们这些深深热爱该州美丽风景的人来说，这是一个令人特别悲伤的例子。

康涅狄格植物园的植物学家宣称，对美丽的本地灌木和野花的清除已经达到造成"路边危机"的程度。杜鹃、山月桂、蓝莓、越橘、荚蒾、山茱萸、杨梅、甜蕨、唐棣、冬青、野樱桃和野李子正在接二连三的化学攻击下死去，那些为景色增添幽雅和色彩的雏菊、金光菊、野胡萝卜花、秋麒麟和秋紫苑也是如此。

化学制剂的喷洒不仅没有恰当的规划，还存在各种各样的滥用行为。在新英格兰州南部的一个镇上，一名承包商完成喷洒工作后，桶里还剩下一些化学制剂，他直接把这些化学制剂倒在了未经喷洒授权的林间路边。那里原本有紫苑和野胡萝卜花，秋日里蓝色和金色的花朵竞相绽放，吸引游客远道而来观赏。这名承包商任意处置剩余化学制剂的后果是这片土地道路两旁不再美丽。在新英格兰州的另一个社区，一名承包商未经公路部门许可擅自更改了该州的化学制剂喷洒规范，将原来路边植被喷药最高不超过 4 英尺的规定改为不超过 8 英尺，导致大片植被枯死，留下了一片宽阔的棕褐色地带。在马萨诸塞州的一个社区，镇官员从一个热情的化学制剂销售员那里购买了一种除草剂，却不知道这种除草剂里含有砷，该除草剂之后被喷洒在道路两边，造成的后果之一是十几头牛因砷中毒而死亡。

1957 年，康涅狄格植物园所处的镇上使用了化学除草剂喷洒路边植物，该植物园自然保护区的树木因此受到了严重的损害。即使是没有直接被喷洒的大型树木也受到了影响。尽管还是春天，植被生长的季节，橡树的叶子却开始卷曲、变成棕褐色，然后新的枝芽开始长出，速度异常之快，垂下的枝条让橡树看起来像是垂柳似的。两个季节以后，这些树上大一些的枝干都枯死了，其他枝干上的叶子也掉光了，整棵树继续保持着畸形的垂柳效果。

我对那条道路非常熟悉，大自然用桤木、荚蒾、甜蕨和杜松为自己的园林设计了边界，随着季节的变化，有时是明艳的花朵点缀，有时是秋天的果实如珠宝般成串悬挂在树上。

这条路没有承载繁重的交通，也没有在急转弯或岔路口阻挡司机视线的灌木。但自从喷洒人接管之后，沿着那条路的几英里都变成了行人必须快速通过的地方，路边的景象让人难以忍受，人们要忍着不去想我们到底让技术人员把这个世界变成了一个怎样贫瘠和丑陋的样子。但总有些地方，有时是这里，有时是那里，负责喷洒化学制剂的工作人员不知何故，犹豫了或者疏忽了，在严密规划的喷洒区中间留下了一些美丽的绿洲，而这些绿洲的对比，使得道路两旁被毁坏的部分更加令人难以忍受。在这些地方，看到飘动的白色三叶草或宛如云彩的紫色野豌豆花，还有宛如燃烧着的木百合花，我的精神便为之一振。

只有对那些以销售和使用化学制剂为营生的人来说，这些植物才是所谓的"野草"。在一个定期召开的野草控制会议的一卷《会议论文》中，我曾读到一篇关于除草剂哲学的神奇声明。论文作者为除草剂把好的植物也杀死而辩护："谁让这些好植物和坏植物长在了一起呢？"那些抱怨路边野花被毁的人，让他想起了反对活体解剖的人，他说："那些反对活体解剖论者，如果以他们的行为来判断，那么，一只流浪狗的生命比孩子们的生命更神圣。"

也许在这篇论文的作者看来，我们中的许多人都性格扭曲，因为我们更喜欢看到紫色的野豌豆花、三叶草和木百合，即使它们的美丽转瞬即逝，而不喜欢仿佛被大火烧焦的路边，灌木丛已变成棕褐色，死气沉沉，曾经骄傲地高高扬着花朵的蕨类植物现在枯萎地耷拉下来。我们似乎可叹的软弱，我们能够容忍这些所谓"野草"的存在，也并不会因为这些"野草"被根除而感到开心，更不会为人类又一次征服了这个邪恶的自然界而欢欣鼓舞。

道格拉斯法官谈到他参加了一个联邦农业工作人员的会议，他们正在讨论居民对清除鼠尾草计划（我在这一章的前半部分有所提及）的抗议。一位老太太反对这个计划，因为野花将被摧毁，这些人认为这个理由非常滑稽可笑。"然而，她想要寻找一朵带条纹图案的花或一朵虎皮百合，难道这不是她的权利吗？就像牧人有寻找一片草地的权利，伐木工人有寻找一棵树的权利一样，都是不可剥夺的。"这名仁慈而又睿智的法官责问道，"荒野的美学价值与山丘中铜和金的矿脉一样，也和山脉中的森林一样，都是我们的遗产。”

当然，想要保留路边植被的愿望不仅仅是出于这样的美学考虑。在自然经济中，植被有其重要的地位。乡村道路和田野边缘的树篱为鸟类提供食物和掩护，让鸟类可以在此筑巢，也为许多小动物提供了栖息地。仅在东部各州，就有大约 70 种典型的生长在路边的灌木和藤本植物，其中，约 65 种是野生动物重要的食物来源。

这样的植被也是野蜂和其他授粉昆虫的栖息地。人类完全没有意识到他们对野生授粉昆虫的依赖是如此之重，即使是农民，也很少有清楚野蜂价值的，因此他们常常参与到限制野蜂行为的行动中，让野蜂无法再为许多农作物和野生植物授粉。数百种野蜂参与了栽培农作物的授粉，仅苜蓿花这一种作物就有 100 种蜜蜂来采蜜。如果没有昆虫授粉，大多数未耕作区域的植物将会消失，而这些植物能起到保持土壤不流失和使土壤肥沃的作用，因此这对整个区域的生态将产生深远的影响。森林和牧场中的许多草本植物、灌木和树木都依赖本土昆虫进行繁殖，而这些植物也为许多野生动物和牧场的牲畜提供食物，如果没有这些植物，那么野生动物和牲畜也就失去了食物来源。现在，清洁耕作和化学制剂消灭了树篱和杂草，破坏了这些授粉昆虫最后的避难所，也切断了生命与生命之间的联系。

这些昆虫对农业乃至自然环境至关重要，我们应该更好地对待它们，而不是无意识地破坏它们的栖息地。蜜蜂和野蜂在很大程度上依赖如秋麒麟、芥菜和蒲公英这类“野草”提供花粉，这些花粉是它们幼虫的食物。春季，在苜蓿开花之前，野豌豆花为蜜蜂提供食物，帮助它们度过这个时期，并为之后的苜蓿授粉做好准备；秋季，在这个没有其他食物的季节，它们依赖秋麒麟为过冬进行储备。通过大自然精确而微妙的时刻表，正好在柳树开花的那天，某种类型的野蜂出现了。当然，还是有人清楚这些事情的，但这些人并不是那些下令用化学制剂大规模浸透自然的人。

适宜的栖息地对野生动物的保护非常重要，那些本应理解这点

的人在哪里呢？他们中的许多人都坚称除草剂对野生动物来说是无害的，因为除草剂的毒性比杀虫剂的毒性要小，除草剂没有造成伤害，因此可以放心使用。但是，当除草剂像雨点般落在森林、田野、沼泽和牧场上时，它们给野生生物的栖息环境带来明显的改变，甚至造成永久性的破坏。从长远来看，破坏野生生物的家园和食物可能比直接杀死它们还要糟糕。

对道路两旁和公共设施用地进行全面化学攻击，具有双重的讽刺意味。首先，想要解决的问题并未得到解决，反而还在不断延续——经验清楚地表明，大规模喷洒除草剂并不能永久控制路边的灌木丛，必须年复一年地重复喷药。更为讽刺的是，尽管我们知道有一种完全可行的选择性喷药的方法，这种方法能够对植被进行长期有效的控制且对大多数植被类型不需要重复喷洒，但我们仍然固执地采用重复喷药的方式。

控制道路和公共通道边上的灌木，并不是要将土地上除草之外的一切植物都清除，而是要把长得过高、阻挡驾驶员视线或妨碍公共电缆的植物清除，大多数情况下指的是树木，而许多灌木个头都不高，不足以构成危险，蕨类植物和野花也一样。

选择性喷药的方法是弗兰克·埃格勒博士经过多年研究后提出的，当时他在美国自然历史博物馆担任公用通道灌木控制建议委员会主任。这个方法的前提是大多数灌木群落对树木的入侵有很强的抵抗力，选择性喷药就利用了大自然的这种内在稳定性。相比之下，草地很容易被树苗入侵。选择性喷药的目的不是在道路和公用通道上种上草地，而是直接清除高大的木本植物，同时保留其他植物。这样的方法实行一次就可以了，只有对于特别顽固的种类才可能需要追加处理，此后，灌木就能维持这种控制，而树木不会再长出来。对植物最好、最便宜的控制方法不是化学制剂，而是其他植物。

美国东部的多个研究区域进行了测试了这种方法，结果表明，只要处理得当，经过处理的区域会保持相对稳定，至少 20 年内不需要重新喷药。喷药工作通常由操作人员背着喷雾器步行完成，操作人员完全掌控喷洒物。有时压缩泵和化学制剂可以装在卡车底盘上，但不会进行全方位喷洒，只针对必须清除的树木，尤其是一些长得特别高的灌木。这样，既保持了环境的完整性，完整保留了野生生物栖息地的巨大价值，也没有牺牲灌木、蕨类植物和野花共存的美景。

选择性喷药的植物管理方法已经在一些地方得以实施，但对大多数地方而言，根深蒂固的习惯很难改变，因此全面喷药继续盛行，每年纳税人都要付出沉重的代价，生态之网也受到损害。全面喷药的盛行仅仅是因为人们不知道这些事实，如果纳税人知道，用化学制剂喷洒城镇道路的账单应该是一辈子支付一次而不是每年支付一次，那么他们肯定会站出来要求改变方法。

选择性喷药的一个显著优势是可以把化学制剂施用在大自然中的量降到最低。化学制剂不是大范围地播撒，而是集中应用于树木的根部，因而可以将对野生动物的潜在危害降到最低。

最广泛使用的除草剂是二氯苯氧乙酸和三氯苯氧乙酸及其相关化合物，这些物质是否真的有毒目前还存在争议。使用二氯苯氧乙酸喷洒草坪的人，如果被喷雾弄湿，偶尔会出现严重的神经炎，甚至瘫痪。虽然这类事件并不常见，但医学权威建议要谨慎使用这些化学制剂。二氯苯氧乙酸的使用还可能带来其他更隐蔽的危险。实验表明，它可能会干扰细胞内部呼吸这一基本的生理过程，并像 X 射线一样破坏染色体。最近的一些研究表明，虽然这类除草剂及一些其他除草剂的浓度远远低于致命水平，但仍可能影响鸟类的繁殖。

除了直接的毒性效应，使用某些除草剂还会产生奇怪的间接影响。研究发现，动物，包括野生食草动物和家畜，有时会奇怪地被喷洒过化学制剂的植物吸引，即使这些植物不是它们的天然食物。如果使用的是高毒性如含砷的除草剂，动物这种强烈的想要去接触枯萎植物的冲动将不可避免地带来灾难性的后果。即使用的是毒性较弱的除草剂，如果植物本身碰巧也有毒，或者植物上长着荆棘或芒刺，那么对动物而言也可能带来致命的后果。例如，牧场里的杂草在喷洒化学制剂后具备了毒性，突然变得对家畜有很强的吸引力，而家畜则会因放纵自己去满足这种非本性的欲望而中毒死亡。兽医学文献中有很多类似的例子：猪吃了喷过药的苍耳，羊吃了喷过药的蓟，均出现严重疾病，蜜蜂在喷过药的芥菜花上采蜜后中毒。野樱桃的叶子带有很强的毒性，而如果在野樱桃叶子上喷洒二氯苯氧乙酸，它就会对牛产生致命的吸引力。显然，喷药后（或切割后）枯萎的植物变得对动物更有吸引力。千里光也是一个类似的例子，家畜通常会避开这种植物，除非在冬末春初的时候，找不到其他食物了，才会被迫以千里光为食。然而，如果千里光的叶子喷过二氯苯氧乙酸，动物就会很乐意以它为食。

动物这种奇怪行为有时似乎与化学物质对植物本身新陈代谢的影响有关。喷过药的植物体内糖分含量有显著的短时增加，这使得其对许多动物更具吸引力。

二氯苯氧乙酸另一个奇特的效应对家畜、野生生物，甚至对人类都有重要影响。大约十年前进行的实验表明，喷洒过二氯苯氧乙酸的玉米和甜菜，其硝酸盐含量急剧增加。高粱、向日葵、蜘蛛草、藜、苋菜和蓼属植物也可能有同样的效果。一般牛都不会理会这些植物，但这些植物一旦被喷洒过二氯苯氧乙酸，牛却吃得津津有味。农业专家说，有些牛的死亡就是这些喷过药的杂草造成的，危险主要在于杂草里硝酸盐含量的增长，由于反刍动物所特有的生理机能，这种增长会立刻引起严重的后果。大多数这类动物的消化系统非常复杂，例如，胃就分了四个腔室。纤维素的消化是通过微生物（瘤胃细菌）的作用在其中一个腔室内完成的。如果这类动物进食了含有异常高水平硝酸盐的植物，瘤胃里的微生物就会对硝酸盐起作用，将其转化为带有很强毒性的亚硝酸盐，从而导致一系列致命事件的发生：亚硝酸盐作用于血色素，形成一种巧克力色的物质，这种物质牢牢地锁住氧气，不让它参与呼吸过程，因此氧气就无法从肺部转到机体组织，而由于缺氧，动物在几小时内就会死亡。有许多各类报告，称在某些经过二氯苯氧乙酸喷洒处理的杂草区放牧后，出现家畜死亡的事件，这些报告现在终于有了一个合理的解释。对同属于反刍动物的鹿、羚羊、绵羊和山羊等来说，也面临同样的危险。

虽然造成硝酸盐含量增加的因素有很多（如天气异常干燥），但二氯苯氧乙酸的销售和施用激增带来的影响不容忽视。威斯康星大学农业实验站认为这一点很重要，因此，该站在 1957 年发出警告："被二氯苯氧乙酸杀死的植物可能含有大量的硝酸盐。"这种危险不仅仅针对动物，同样也会影响人类，这也有助于解释最近"粮仓死亡"增多的怪象。当含有大量硝酸盐的玉米、燕麦或高粱储存进粮仓时，它们会释放一种有毒的气体——氮氧化物，这对任何进入粮仓的人来说都是致命的危险，只要吸几口这样的气体就会发生弥漫性化学性肺炎。在明尼苏达大学医学院研究的一系列此类病例中，除了一个病例，其余的都是死亡的结局。

"我们在自然界中行走，就像是大象在摆满瓷器的房子里行走一样，一不小心就会闯祸。"荷兰科学家布里耶博士这样总结人类施用除草剂这一行为，他是为数不多能看清问题的人之一。"在我看来，太多的事情被认为是理所当然的，我们不知道作物中的所有杂草是不是真的有害，或者其中一些是否有益。"布里耶博士说。

很少有人问，杂草和土壤之间有什么关系。也许，即使从关乎我们切身利益的狭隘角度来看，这种关系也是有益的。正如我们所看到的，土壤与在土壤中及在土壤之上生活的生物体之间存在着一种相互依存、互惠互利的关系。野草可能从土壤中获取了一些东西；反过来，野草也许也给予了土壤一些东西。最近，荷兰一个城市的公园提供了一个实际的例子。公园里的玫瑰长势不佳，土壤样本检测显示含有大量的微小线虫。荷兰植物保护部门的科学家并不建议使用化学喷雾或土壤处理，而是建议在玫瑰之间种植金盏花。纯粹主义者无疑会认为金盏花在任何玫瑰花床被都只能算是杂草，但金盏花根部释放的一种分泌物可以杀死土壤中的线虫。这个建议被采纳了，一些玫瑰花床种上了金盏花，另外一些则没有种植以作对比。结果很明显，在金盏花的帮助下，玫瑰茁壮成长；但在对照组的花床，玫瑰则是病恹恹地耷拉下来。现在很多地方都用金盏花来消灭线虫。

同样，其他被我们无情根除的植物可能对土壤健康非常有益，而我们却并不知情。现在普遍被污名化为“杂草”的自然植物群落有一个非常有用的作用，即作为土壤状况的指示器。当然，一个地方一旦使用了化学除草剂，那么这种作用就消失了。

那些认为喷了药就能解决所有问题的人忽略了一件具有重大科学意义的事情，那就是我们需要保留一些自然植物群落。我们需要这些植物群落作为参照标准，以衡量我们的活动带来的变化；我们也需要它们作为自然栖息地，将昆虫和其他生物的原始种群保存下来。正如在第十六章将要进一步阐释的，昆虫对杀虫剂的抗药性在不断发展，杀虫剂可能改变着昆虫和其他生物的遗传基因。一位科学家甚至建议，在生物的遗传基因被进一步改变之前，应该建立某种特殊的动物园来保护昆虫、螨虫等生物。

有些专家发出警告说，越来越多除草剂的使用可能会给植物带来看似微小实则深远的影响。用化学制剂二氯苯氧乙酸消灭阔叶植物，让草类少了竞争者得以茁壮成长。现在，这些草类又变成了“杂草”，使杂草控制面临新的问题，产生了一个向其他方向转化的新循环。最近一期专门讨论作物问题的杂志中也提到了这一奇怪的情况：“由于大范围使用二氯苯氧乙酸来控制阔叶植物，禾本科野草已逐渐威胁到谷类与大豆的产量。”

豚草，花粉症的始作俑者之一，提供了一个耐人寻味的例子，说明试图控制自然的行为有时会像回旋镖一样，适得其反。人们为了控制豚草，在道路两旁施用了成千上万加仑[①]的化学制剂。但不幸的是，

① 译者注：加仑为英美制容积单位，1 加仑约为 3.785 升。

这样地毯式的喷洒并没有让豚草减少，反而更多了。豚草是一年生植物，它的种子需要开阔的土壤才能生长。因此，对付这种植物最好的办法就是保持其生长区域内灌木、蕨类和其他多年生植物的茂密生长。频繁地喷洒化学制剂将上述保护性植物都摧毁了，留下的开阔、贫瘠的土地被豚草迅速占领。另外，引起过敏症的花粉含量可能与路边的豚草无关，而与城市空地和休耕地上的豚草有关。

清除马唐草的化学制剂的销售额激增则是证明不靠谱的方法是如何轻易流行开来的另一个例子。想要清除马唐草，其实有一种比年复一年喷药更便宜、效果更好的方法，那就是让它参与到和其他草类的生存竞争中，因为它绝无胜利的可能。马唐草只能存在于不是很茂盛的草坪上，但它只是这个草坪不健康的一种表现，而非导致草坪不茂盛的根源。如果我们给想要种的草类提供肥沃的土壤和良好的生存环境，那么这种草类就很有可能茂密地生长起来，在这样的环境里，马唐草就无法生长，因为它的种子发芽需要足够开阔的空间。

然而，郊区居民——他们听从园艺商的建议，而园艺商又听从化学制剂生产商的建议——继续每年在自己的草坪上施用惊人剂量的马唐草除草剂。这些除草剂以商标名称销售，而名称里完全看不出除草剂的成分，许多这些制剂里含有汞、砷和氯丹等有毒物质。郊区居民按照推荐的比例使用，在草坪上留下大量的这些化学物质的残留。例如，如果按照使用说明，某个产品的用户会在每英亩施用 60 磅的技术氯丹（一种氯化的环烯烃类化学制剂）；如果他们使用市面上另一种产品，他们就会在每英亩施用 175 磅的金属砷！鸟类死亡的数量令人痛心，这点将会在第八章提及。这些喷洒过除草剂的草坪将给人类带来多大的伤害，目前还不清楚。

选择性喷药在道路和公用通道的植被管理方面取得的成效，让我们看到了健康的生物防治的希望，农场、森林和牧场中的其他植被治理项目也能采取同样的方法。这种方法的目标不是摧毁某个特定物种，而是将植被作为一个鲜活的社区进行管理。

其他实实在在的成就说明了我们可以做什么。在遏制不需要的植物生长方面，生物防制取得了一些引人注目的成效。自然界本身曾经遇到过许多问题，这些问题有些正在困扰着我们，但自然界以自己的方式成功解决了这些问题。如果一个人具备足够的智慧去观察和模仿自然，通常也能够获得成功。

在控制不需要的植物方面，加利福尼亚州处理克拉马斯草就是一个很著名的例子。克拉马斯草，也称山羊草，原产于欧洲（在那里它被称为圣约翰草），随着人类的西迁，于 1793 年首次出现在美国宾夕法尼亚州的兰开斯特附近。1900 年，它传播至加利福尼亚州的克拉马斯河流域，因此，当地人叫它克拉马斯草。到 1929 年，它已经占据了大约 10 万英亩的牧场，到 1952 年，它已经入侵了大约 250 万英亩的土地。

与鼠尾草这些本土植物不一样，克拉马斯草在该地区的生态圈中并没有一席之地，也没有动物或其他植物需要它。相反，克拉马斯草出现在哪里，哪里的家畜就因为食用了这种有毒植物而“身上长癣、嘴里生疮、极不健康”。相应地，土地上如果长着克拉马斯草，该土地的价格就会下跌，因为克拉马斯草被看作是首要的折价因素。

在欧洲，克拉马斯草从来不是问题，因为和它一起生长的，还有各种类型的昆虫。这些昆虫以克拉马斯草为食，进食量极大，以至于这种草在欧洲不会泛滥成灾。特别是法国南部的两种豌豆大小、泛着金属光泽的甲虫，它们只在这种草上进食和繁殖。

1944 年，第一批搭载这些甲虫的轮船抵达美国，这是一个具有历史意义的事件，因为这是北美第一次尝试用食草昆虫来控制植物。到了 1948 年，这两种甲虫都大量繁殖起来了，不需要再进口。人们首先从原来的繁殖地收集甲虫，再以每年百万只的数量投放出去，甲虫的传播得以完成。甲虫在小范围内能自行分散，一旦这个小范围内的克拉马斯草被吃光，它们就继续移动，并精确地找到新的草丛。甲虫限制了克拉马斯草的繁殖，原来被挤出去的理想的牧场植物得以重新恢复生长。

1959 年完成的一项为期 10 年的调查显示，克拉马斯草的控制取得了很好的效果，只剩原来的 1%，比“即使是狂热分子所希望的还要好”。这种象征性的小规模虫害实际上是无害的，而且是必要的，因为它有助于维持甲虫的种群数量，以应对未来杂草数量的增加。

澳大利亚提供了另一个非常成功且经济的控制杂草的例子。殖民者通常喜欢将植物或动物带入新国家。大约在 1787 年，一个叫亚瑟·菲利普的船长把不同品种的仙人掌带到了澳大利亚，打算用它们来培养胭脂虫以制作染料。由于各种原因，有些仙人掌离开了他的花园，流落在外，到 1925 年，已经有大约 20 种仙人掌在野外生长。在这片新的区域里，由于没有天然的控制手段，它们迅速蔓延，最终占据了大约 6000 万英亩的土地，其中至少有一半的土地因被仙人掌密集覆盖而变得毫无用处。

1920 年，澳大利亚的昆虫学家被派往北美和南美，研究仙人掌在其原生地的昆虫天敌。经过对几种昆虫的试验，1930 年，30 亿枚阿根廷蛾的虫卵被带到澳大利亚散播。7 年后，最后一片密集的仙人掌区域被消灭，曾经无法居住的区域又可以重新居住和放牧了。整个过程的花费还不到每英亩一分钱。相比之下，早年尝试用化学制剂进行控制的效果并不理想，花费还高达每英亩约 10 英镑。

这两个例子都表明，通过食草昆虫，可以对许多不需要的植被进行极为有效的控制。尽管这些昆虫也许是所有食草动物中最挑食的，但它们高度专一的饮食习性可以很容易为人类所用。遗憾的是，牧场管理学却在很大程度上忽略了这一可能性。

第七章
无意义的破坏

人类宣布要征服自然，在向着这一目标迈进的过程中，人类留下了令人痛心的破坏记录，这种破坏不仅针对我们所居住的地球，也针对与我们共享地球的其他生物。

近几个世纪的历史中都有黑暗的篇章——西部平原上的野牛大屠杀，职业猎人对海滨鸟类的屠戮，为了羽毛而几乎使白鹭灭绝等。如今，我们又在这些事件及其他类似事件的基础上，增加了一个新的黑暗篇章和一种新的破坏方式——在土地上随意喷洒化学杀虫剂，直接杀死了鸟类、哺乳动物、鱼类，几乎包括所有的野生生物。

在如今看来似乎支配着我们命运的哲学观念下，没有什么能阻挡手持喷雾器的人。在人类对昆虫展开的消灭行动中，意外的受害者都不算什么；如果知更鸟、野鸡、浣熊、猫，甚至家畜，因碰巧与目标昆虫生活在同一片土地上而遭到杀虫毒雨的袭击，也不会有人表示抗议。

那些想要对野生生物受到伤害的问题做出公正判断的市民，面临着一个两难的局面：一方面，环保主义者和许多野生生物学家坚称，这些伤害十分严重，有些甚至是灾难性的；另一方面，防控机构则断然否认这种伤害的存在，或者坚称，即使有，伤害也是无足轻重的。我们应当相信谁呢？

证人的可信度至关重要。那些亲临现场的、专业的野生生物学家无疑最有可能发现野生生物受到的伤害并对此进行解读。昆虫学家的专业是研究昆虫，他们所接受的专业培训让他们不像野生生物学家那样有资格，而他们在心理上也并不想看到他们的昆虫控制计划的不良副作用。然而，联邦政府和州政府的防控人员，当然还有化学制剂生产商，仍坚决否认生物学家报告的事实，并坚称他们所看到的对野生动物的伤害微乎其微。就像《圣经》故事中的祭司和利未人一样，他们对问题视而不见，或者选择绕道走。即便我们很宽容，把他们的否认解释为出于专家的短视和与切身利益相关，但这并不意味着我们必须把他们当成是合格的证人。

想要形成我们自己的判断，最佳方式是看看一些主要的防控项目，从那些熟悉野生生物习性且不偏向化学制剂的观察者那里，了解毒雨从天而降给野生生物的世界带来怎样的后果。

对观鸟者、对自家花园中的鸟儿感到欢喜的郊区居民、猎人、渔民或是野外探险者来说，任何毁灭一个地区野生生物的行为，即使只有一年的时间，都剥夺了他们合法享有的乐趣。这个观点并不是毫无根据的，即使一些鸟类、哺乳动物和鱼类在一次喷洒后能够恢复——这种情况确实偶有发生——但仍然遭受了极大且真实的伤害。

然而，这种恢复的可能性很小。喷洒往往是反复进行的，很少有野生生物群仅仅经历一次化学制剂喷洒然后恢复过来，更常见的结果是一个被毒化了的环境，仿佛一个致命的陷阱，不仅本土的野生生物群会灭亡，连那些迁徙而来的移民也难逃劫难。喷洒面积越大，危害就越严重，因为没有哪里是安全的“绿洲”。现在，各种昆虫控制项目已经进行了10年，在此期间，成千上万甚至数百万英亩的土地都被喷洒了化学制剂，在私人领地和社区喷洒化学制剂的情况越来越多，美国野生生物的毁灭和死亡记录在不断增加。让我们来看一下其中的一些项目，看看究竟发生了什么。

1959年秋，在密歇根州东南部大约2.7万英亩的土地上空，包括底特律的许多郊区，撒下了大量的艾氏剂药粉，这是氯化烃类化合物中最危险的一种。该项目由密歇根农业部门与美国农业部合作实施，据称，其目的是控制日本金龟子。

这种激进、危险的行动似乎并没有多大必要。沃尔特·P. 尼克尔是密歇根州著名的博物学家，他见多识广，花了大量时间在野外调研，每个夏天都要在密歇根州南部待上很久。他说："据我观察，在过去三十多年里，日本金龟子在底特律市的数量一直不多。这些年来，数量也没有显著增加。到目前为止（1959 年），除了政府在底特律的诱捕器中抓到的少数几只日本金龟子，我连一只都没见过……所有事情都很保密，这些日本金龟子数量增加会带来什么影响？我至今没有获得任何相关的信息。"

州政府的一份官方声明仅声称这种甲虫"出现"在计划进行空中喷洒的区域。尽管缺乏正当理由，该项目还是启动了。州政府提供操作人员并进行监督，联邦政府提供设备和额外人员，各社区则需要承担杀虫剂的费用。

日本金龟子是一种意外被引入美国的昆虫，于 1916 年在新泽西州首次出现，当时有人在里弗顿附近的一个苗圃里看到了一些泛着金属光泽的绿色小甲虫。一开始，人们不知道这是什么甲虫，后来才确认它们是日本主要岛屿上的常见昆虫。显然，它们是 1912 年设立进口限制之前随着进口苗木一起进入美国的。

日本金龟子已经从它们最初进入的地方大面积扩散到密西西比河以东的多个州，因为这些州的温度和降雨条件适宜其生存。每年，它们的活动范围都会在现有区域的基础上再往外扩张一些。在东部这些甲虫出现时间最久的地区，已经实施了一些自然控制措施。许多记录证明：实施自然控制措施的地区甲虫数量得以维持在一个相对较低的水平。

尽管东部地区已经有了合理控制日本金龟子的经验，但目前处于甲虫分布区边缘的中西部各州却发动了一场攻击，这场攻击足以消灭最厉害的敌人，而不只是针对普通的害虫。最危险的化学制剂被用来对付日本金龟子，其喷洒也使得大批居民、家禽和野生生物不可避免地接触到这些毒剂。结果，这些原本针对日本金龟子的控制项目导致了大量动物死亡，也毫无疑问地将人类置于险境。密歇根州、肯塔基州、艾奥瓦州、印第安纳州、伊利诺伊州和密苏里州的部分地区都经历了以控制甲虫为名义的杀虫药毒雨。

密歇根州的喷洒行动是最早针对日本金龟子的大规模“空袭”之一。选择使用艾氏剂这种毒性极强的化学制剂，不是因为艾氏剂对日本金龟子特别有效，而仅仅是为了节省成本——艾氏剂是可用化合物中最便宜的一种。尽管州政府在向媒体发布官方消息时承认艾氏剂是一种“毒药”，但却又暗示在那些人口密集区域使用艾氏剂不会对人们造成伤害。（官方对“我应该采取什么预防措施？”这一问题的答复是“对您来说，不需要采取任何措施。”）关于喷洒药物的后果，当地媒体曾引用联邦航空部门的一名官员说过的话：“这是一次安全的行动。”底特律公园和娱乐部门的一名代表也保证说：“这种粉尘对人体无害，也不会伤害植物或宠物。”人们可以断定，这些官员中没有一个人去查阅美国公共卫生服务管理局、美国鱼类及野生动植物管理局所发布的公开的、可以轻易获取的报告，也没有去看其他证据，这些报告和证据都说明了艾氏剂的剧毒性。

密歇根州害虫防治法允许州政府在未通知土地所有者或未获得许可的情况下随意喷洒杀虫剂。根据这条法律，低空飞机开始在底特律区域上空作业。随后，城市当局和联邦航空局接到众多忧心忡忡的市民的来电。据《底特律新闻》报道，在一小时内接到近 800 通电话后，警方请求广播、电视台和报纸“向观看者解释他们看到的是什么，并告诉他们这是安全的”。联邦航空局的安全官员向公众保证，“这些飞机受到了严格监管”，同时，“低空飞行是经过批准的”。为了让公众不那么担心，这名安全官员又做了多少有点错误的补充。他说，飞机上有紧急阀门，可以瞬间倾倒所有负载。幸好这种情况并未发生。

然而，当飞机执行喷洒任务时，杀虫剂颗粒同时落在甲虫和人身上，“无害的”毒药像雨一样落在去购物、上班的人身上，也落到中午放学外出吃午餐的孩子们身上。主妇们扫去门廊和人行道上的颗粒，据说这些颗粒“看起来像雪”。正如后来密歇根奥杜邦协会指出的那样：“艾氏剂和黏土混成的白色小颗粒，比针尖还小，钻进屋顶瓦片的缝隙中、檐槽中、树皮和树枝的裂缝中，它们就堆在那里，数以百万计……当雪和雨降临时，每个水坑都可能变成致命的药水。”

在这次喷洒行动几天后，底特律奥杜邦协会开始接到有关鸟类情况的电话。该协会秘书安·博伊斯女士说：“人们对喷洒感到担忧的第一个证明，是我在星期日上午接到的一位女士的电话。她说，从教堂回家时，看到许多鸟，有些已经死去，有些处于垂死的状态。那里的喷洒是在星期四进行的。她说那个区域完全没有飞着的鸟了，她在自家后院至少发现了十几只死鸟，邻居还发现死了的松鼠。”博伊斯女士当天接到的其他电话也都是“有很多死鸟，一只活着的都没有……”。一些在院子里放置了喂食器的人说，喂食器上一只鸟都没有。捡到的垂死鸟类表现出典型的杀虫剂中毒症状——战栗、颤抖、失去飞行能力、瘫痪、抽搐。

鸟类并不是唯一受到直接影响的生物。当地一名兽医报告说，他的诊所挤满了客户，都是因为猫和狗突然生病来求医的。猫喜欢用爪子梳理毛发，还喜欢舔舐爪子，因此似乎受到的影响最大。它们的病症表现为严重的腹泻、呕吐和抽搐。兽医唯一能给客户的建议是非必要不带动物外出，或者如果动物外出回来，一定要赶快把它们的爪子洗干净。但是水果或蔬菜里的氯化烃都是洗不掉的，所以这种措施能提供的保护很有限。

尽管市县卫生专员坚持认为鸟类的死亡一定是“某种其他喷洒”造成的，而接触艾氏剂后出现的喉咙和胸部的刺激症状也一定是“其他原因”引起的，但地方卫生部门还是接到了源源不断的投诉。底特律一位著名的内科医生在一个小时内被叫去治疗四名病人，他们都观看了飞机喷洒作业，并接触到了药物，他们的症状相似：恶心、呕吐、寒战、发热、极度疲惫及咳嗽。

随着越来越多社区迫于压力不得不用化学制剂控制日本金龟子，在底特律发生的事情也在许多其他社区不断重演。在伊利诺伊州的蓝岛，人们捡到了数百只受到伤害的鸟儿，有些已经死亡，有些即将死去。当地鸟类环志者[①]收集的数据表明，80%的鸣禽因此死亡。1959年，伊利诺伊州的乔利埃特市约3000英亩的土地被喷洒了氯丹。据当地一家运动俱乐部的报告，喷药区域内的鸟类几乎被“彻底消灭”。在该地区还发现了大量死亡的兔子、麝鼠、负鼠和鱼类，当地一所学校甚至把收集因杀虫剂而中毒的鸟类作为一项科研项目。

为了创造一个没有甲虫的世界，也许没有哪个社区付出的代价比伊利诺伊州东部的谢尔登及其邻近的易洛魁县更惨重了。1954年，美国农业部和伊利诺伊州农业部门启动了一项计划，试图沿着日本金龟子侵入伊利诺伊州的线路对其进行根除。他们满怀希望、信心满满，相信密集喷洒将彻底消灭这种入侵昆虫。当年进行了第一次“清虫运动”，用狄氏剂对1400英亩的土地进行了空中喷洒。1955年，又以同样的方式处理了2600英亩的土地，大家想当然地认为任务已完成。然而，却有越来越多的地方提出需要使用化学处理，到1961年底，约有13.1万英亩的土地喷洒了化学制剂。尽管在计划执行的头几年，野生生物和家畜就已明显遭受严重伤害，但是，在既没有和美国鱼类及野生动植物管理局商议，也没有和伊利诺伊州野生生物管理部门商议的情况下，化学处理仍在继续。（1960年春，联邦政府农业部的官员在国会委员会上对要求事先协商的法案提出反对。他们淡然表示，该法案完全没有必要，因为合作与协商是“惯例”。这些官员完全想不出有哪次合作不是“在华盛顿层面”进行的。在同一次听证

① 译者注：鸟类环志是用来研究候鸟迁徙动态及其规律的一种重要手段。在鸟类腿部或翅膀上佩戴一种由金属或塑料制成的鸟环，上面刻有环志的国家、机构、地址和鸟环类型、编号等。

会上，他们明确表示不愿与各州的鱼类及野生动植物管理部门协商。）

尽管用于化学防控的资金源源不断，但伊利诺伊自然历史调查所的生物学家却不得不在极有限的经费下去评估化学控制给野生生物带来的伤害。1954 年，他们仅有 1100 美元的经费用于雇用进行田野调查的助理，到了 1955 年，连这项经费都没有了。尽管面临重重困难，这些生物学家仍然收集了大量事实，这些事实共同描绘了一幅几乎空前的野生动物被毁图景，而这种毁灭性在该项目初始就非常明显了。

以昆虫为食的鸟类受到毒害，不仅与使用的杀虫剂种类有关，还与施用方式有关。在谢尔登地区早期的化学控制项目中，狄氏剂的喷洒剂量为每英亩 3 磅。要理解狄氏剂对鸟类的影响只需要记住一个数据：在实验室里对鹌鹑所做的实验已证实，狄氏剂的毒性大约是 DDT 的 50 倍。因此，喷洒在谢尔登地区的杀虫剂的毒性大致相当于每英亩喷洒了 150 磅的 DDT！ 而这还是估算的最小值，因为在实际操作中，农田的边缘和角落都有重复喷药的情况。

当化学药物渗入土壤，中毒的甲虫幼虫会爬到地面上来，在它们爬到地面直到死去的这段时间里，它们引起了食虫鸟类的注意。在喷药后的两周内，大量死亡和垂死的昆虫随处可见。喷洒对鸟类数量的影响是显而易见的，棕色鸫、椋鸟、草地鹨、白头翁和野鸡几乎被彻底消灭，根据生物学家的报告，知更鸟“几乎完全灭绝”。一场小雨后，可以看到大量死去的蚯蚓，知更鸟可能就是因为吃了这些中毒的蚯蚓而灭绝的。对于其他鸟类而言，曾经带来益处的雨水这次却给它们的世界带来了邪恶的毒药，转变成了毁灭的力量。在喷洒后的几天里，那些在雨后水坑中喝水和洗澡的鸟类注定难逃厄运。

幸存的鸟类可能已经失去了生育能力。尽管在喷洒过的区域还发现了少数鸟巢，有些巢中还有鸟蛋，但没有一个巢中有幼鸟。

在哺乳动物中，地松鼠几乎被彻底消灭，它们的尸体呈现出典型的中毒暴死的特征。在喷洒过的区域发现了死去的麝鼠，田里还有死兔子。狐松鼠本是在镇上比较常见的动物，但在喷洒过后，它们也不见了踪影。

自从对日本金龟子开战，在谢尔登地区的农场几乎很难再找到猫这种生物了。在第一轮喷药后，各个农场里 90% 的猫都沦为狄氏剂的受害者。这一情况本是可以预见到的，因为这些毒药在其他地方也有过类似的不良记录。猫对所有杀虫剂都极其敏感，尤其是狄氏剂。世界卫生组织在西爪哇进行的抗疟疾项目中，就有多例猫死亡的报告。在中爪哇，猫的死亡数量如此之多，以至于猫的价格翻了一倍以上。同样地，据报道，世界卫生组织在委内瑞拉喷洒药物时，也出现了猫因数量大幅减少而成为稀有动物的情况。

在谢尔登打击日本金龟子的战斗中，牺牲的不仅是野生生物，还有家畜。对羊群和牛群的观察表明，杀虫剂同样导致了家畜的中毒和死亡。自然历史调查所的报告描述了其中一起事件：

羊群……从一片在 5 月 6 日喷洒过狄氏剂的田野中被驱赶着横穿一条碎石路，前往另一侧未喷洒过药物的蓝草小牧场。显然有一些喷洒物飘过小路，进入了牧场，因为羊群几乎立刻表现出中毒的症状……它们失去了对食物的兴趣，表现出极度的焦躁不安，沿着牧场的围栏绕来绕去，似乎在寻找出口……它们拒绝被驱赶，几乎不停地叫唤，耷拉着头；最终，它们还是被带离了牧场……它们表现出很渴的状态。两只羊死在了穿过牧场的溪流里，其余的羊被多次赶出溪流，还有几只羊甚至是被强行从溪流里拖出来的。最终，有三只羊死亡，那些活下来的羊，从表面上看似乎恢复了。

这是 1955 年底的情形。虽然化学战争在接下来的几年中继续进行，但用于研究工作的资金已完全枯竭。自然历史调查所每年向伊利诺伊州立法机构提交年度预算，其中包含野生生物与杀虫剂研究的资金请求，但这笔预算总是在第一批被否决的项目里。直到 1960 年该所才想办法找到资金，用于支付一名助理进行田野调查的费用。这名助理一个人的工作量相当于四个人的。

生物学家继续他们1955年中断的研究，发现野生生物遭受重创的荒凉景象几乎没有任何改变。在此期间，化学制剂已更换为毒性更强的艾氏剂，在对鹌鹑的实验中发现艾氏剂的毒性是DDT的100～300倍。到1960年，已知栖息在该地区的每一种野生哺乳动物都受到了伤害，鸟类的情况更糟。在小镇多诺万，知更鸟已绝迹，白头翁、椋鸟和棕色鸫也消失无踪。在其他地方，这些鸟和许多其他鸟类的数量也在锐减。野鸡猎人更是强烈地感受到这场对日本金龟子的战争的后果。在喷洒过药物的地区，野鸡窝的数量几乎减少了一半，而每窝能孵化出来的幼鸟数量也在减少。过去这些地区曾是打野鸡的好去处，现在因为几乎打不到野鸡而很少有人来了。

尽管以消灭日本金龟子之名造成了巨大破坏，但易洛魁县花费了8年时间对超过10万英亩的土地进行化学控制，结果似乎只是暂时压制了这种昆虫，日本金龟子仍在继续向西扩散。这一基本无效的行动所造成的全部损失或许永远不会为人所知，因为伊利诺伊州的生物学家所测得的结果只是一个最小值。如果有充足的研究经费，能够进行全面调查，其揭示的破坏情况将更加令人震惊。然而，在项目进行的8年时间里，仅有约6000美元的经费被用于生物学田野研究。与少得可怜的研究经费相比，联邦政府在化学控制项目上花费了约37.5万美元，州政府还追加了成千上万美元。用于研究的资金占化学控制项目支出的比例还不到百分之一。

这些中西部州的虫控项目是在一种危机感很重的氛围下进行的，仿佛日本金龟子的扩散带来了极端的危险，因此无论采取任何手段对付它们都不为过。这当然是对事实的扭曲，在那些遭受杀虫剂毒性影响的社区，要是人们了解日本金龟子刚到美国时的情况，他们肯定就没那么乐意采取这种手段了。

东部各州比较幸运，在他们遭遇日本金龟子入侵的时候，合成杀虫剂还没有被发明出来，因此他们没有实施类似于底特律或谢尔登的喷药行动，而是通过不会对其他生物构成威胁的手段来控制这种昆虫，平稳度过了虫灾。在东部，采用的有效手段是利用自然的控制力量，这种方式具有持久性和不会污染环境等多重优点。

在日本金龟子进入美国的最初十几年间，由于没有其原生地天敌的制约，它们的数量快速增加。但是到了 1945 年，在日本金龟子不断入侵的大部分区域，它们已经不是主要害虫了。这主要归功于两个原因：一是从远东引入的寄生性昆虫，二是成功培养出对日本金龟子来说致命的病原体。

在 1920 年至 1933 年，经过在日本金龟子原生地的努力搜寻，美国共从东方引入了 34 种捕食性或寄生性昆虫，以期对日本金龟子进行自然控制。引入的 34 个品种中，有 5 种已在美国东部成功存活，其中最有效且分布最广的是一种来自韩国和中国的寄生黄蜂——春臀钩土蜂。春臀钩土蜂在土壤中找到日本金龟子幼虫后，雌蜂会往幼虫体内注射能致其麻痹的液体，并将一枚蜂卵附着在幼虫的表皮之下，蜂卵孵化成幼虫后，以被麻痹的幼虫为食并将其杀死。之后大概 25 年间，东部 14 个州和联邦机构合作，引入了春臀钩土蜂的种群。这种寄生黄蜂在引入地区广泛定居，昆虫学家普遍认为它们在控制日本金龟子甲虫方面发挥了重要作用。

一种细菌性疾病对控制甲虫的作用甚至更大，它恰好就影响了日本金龟子所属的金龟子科甲虫。这是一种高度特异性的病原体，只攻击这类甲虫，对蚯蚓、恒温动物和植物无害。这种疾病的孢子存在于土壤中，当觅食的甲虫幼虫摄入孢子后，孢子会在其血液中大量繁殖，使幼虫呈现出异常的白色，因此这种病也俗称为“牛奶病”。

1933 年在新泽西发现了牛奶病，到 1938 年，这种病已经在日本金龟子较早泛滥的地区蔓延开来。1939 年，一项旨在加速牛奶病传播的防控计划正式启动。尽管还没有研究出用人工培养基来培养病原体的方法，但有一个令人满意的替代方案：将感染病原体的幼虫研磨、干燥后与白垩混合在一起。在标准混合物中，每克粉末中就含有

1 亿个孢子。1939 年至 1953 年，通过联邦与州政府的合作防控计划，东部 14 个州的大约 9.4 万英亩土地得到治理，一些其他地区的联邦所辖土地，以及私人组织或个人所有的大片区域也得到治理，具体面积不详。到 1945 年，牛奶病孢子在康涅狄格州、纽约州、新泽西州、特拉华州和马里兰州的日本金龟子种群中广泛传播。在一些实验区域，幼虫感染率高达 94%。1953 年，政府中止了该项目，转由一家私人实验室接手，继续向个人、园艺俱乐部、市民协会以及其他需要控制金龟子的人提供服务。

曾经实行此计划的东部各州实现了高度的自然控制，日本金龟子已经不再构成威胁。这种病原体可以在土壤中存活多年，通过自然媒介不断传播，效力持续增强，因此从各方面来看都算是长久地站稳了脚跟。

那么，既然东部各州在自然控制方面取得了如此显著的成效，为何伊利诺伊州和其他中西部各州却没有进行同样的操作，反而用猛烈的化学战来对付日本金龟子呢？

有人告诉我们，接种牛奶病孢子“太贵了”——尽管东部 14 个州在 20 世纪 40 年代的时候都没觉得“贵”。这种“太贵了”的结论究竟基于何种判断标准？显然，这个判断标准没有将诸如谢尔登喷药计划等造成的生态破坏代价纳入其中。这一结论还忽略了一个事实，那就是牛奶病孢子的接种只需要进行一次，第一次的费用就是唯一的成本。

我们还被告知，在日本金龟子分布区的边缘地带不能使用牛奶病孢子，因为只有在土壤中已经有大量日本金龟子幼虫的地方，牛奶病孢子才能存活。与许多支持喷洒的说法一样，这一说法也值得怀疑。已知造成牛奶病的细菌孢子能够感染至少 40 种其他甲虫，而这些甲虫的分布相当广泛，因此，即使在日本金龟子的数量非常少或者完全没有的地方，该细菌孢子也完全可以传播牛奶病。此外，由于孢子能在土壤中长期存活，即使在完全没有甲虫幼虫的情况下，比如在当前日本金龟子占领区的边缘地带，也可以引入孢子，等待甲虫种群扩张过来。

那些不惜一切代价只追求立竿见影效果的人，毫无疑问会继续使用化学物质来对抗甲虫。那些支持内置过时[①]这种现代潮流的人也是如此，因为化学控制是长期的，需要频繁且成本高昂的重复操作。

另一方面，那些愿意再等待一两个季节以获得全面效果的人，则会采用牛奶病孢子防治法，他们将获得持久的控制效果，而且这种效果不会随着时间的推移而减弱。

美国农业部位于伊利诺伊州皮奥里亚的实验室正在进行一项涉及范围很广的研究项目，想要寻找在人工培养基上培养出牛奶病病原体的方法，这将大大降低成本，并促进其更大范围地使用。经过多年的努力，目前已取得一些成功，当完全实现这一“突破”时，也许我们在对付日本金龟子时才能恢复一些理智，因为即使在金龟子极度猖獗时，也不能将中西部控制项目中一些噩梦般的过度行为合理化。

像伊利诺伊州东部喷洒化学制剂这样的事件，给我们提出了一个问题，这个问题不仅是科学层面的，也是道德层面的：一个文明是否能够对生命发动无情的战争而不毁灭自身，同时还不会失去“文明”的称谓？

这些杀虫剂的毒性并非选择性的，并不会只针对我们想要去除的某一物种。它们之所以被使用，仅仅因为它们是致命的毒药。因此，它们会毒害所有与之接触的生命：某个家庭所钟爱的猫、农民的牛、田野中的兔子，甚至天空中的角云雀，这些生物并未对人类造成任何伤害。事实上，正是由于这些生物及其同伴的存在，才让人类的生活更为美好。然而，人类却以使它们遭受突然的、可怕的死亡作为对它们的回报。谢尔登的科学观察者描述了一只濒临死亡的草地鹨的症状：“尽管它失去了肌肉协调能力，无法飞行或站立，但它侧躺时仍

① 译者注：内置过时是一种产品设计中的策略，即产品被设计为在一段特定时间之后因功能过时而无法满足用户需求，从而需要被替换。

不停地拍打翅膀，紧紧蜷起它的爪子，它的喙张开，困难地呼吸着。”更可怜的是那些地松鼠，它们的死亡就像是无声的见证，它们“在死亡时呈现出一种特有的姿势，背部弯曲，前肢和紧握的脚趾紧贴在胸腔上……头部和颈部向外伸着，嘴里常含有泥土，表明小家伙在临死前曾试图去咬住地面”。

当我们默许这些会给生物带来痛苦的行为时，我们中的谁又配得上“人类”这个称呼呢?

第八章 再也没有鸟儿歌唱

在美国越来越多的地区，春天的到来已不再有候鸟的播报；清晨变得异常寂静，往日那满是鸟鸣的动听世界已消失不见。鸟儿的歌声突然消失了，鸟儿为我们的世界带来的色彩、美丽和乐趣也随之消失，而那些尚未受影响的社区居民对此却毫无察觉。

1958 年，伊利诺伊州欣斯代尔镇的一名家庭主妇曾给世界著名鸟类学家、美国自然历史博物馆鸟类馆名誉馆长罗伯特·库什曼·墨菲写了一封信，信里满是绝望：

我们村这几年一直在给榆树喷农药。六年前我们刚搬来时，这里有好多不同的鸟类。我安装了一个喂食架，整个冬天，红雀、山雀、五子雀和绒毛鸟会不断飞来觅食，到了夏天，红雀和山雀还会带着它们的幼鸟一起来。

在喷了几年 DDT 以后，镇子上几乎没有知更鸟和椋鸟了。我的喂食架上也有两年没见到山雀了，今年红雀也消失了。附近的筑巢鸟类似乎只剩下一对鸽子，或许还有一窝嘲鸫。

孩子们在学校已经学到联邦法律禁止猎杀或捕捉鸟类，所以很难对他们解释为什么鸟儿已被消灭光了。“它们还会回来吗？”他们问，而我却不知如何作答。榆树在慢慢枯死，鸟儿也是如此。有人在做些什么吗？能做些什么？我能做些什么？

在联邦政府对付火蚁的大规模喷洒计划实施一年后，亚拉巴马州的一名女士写道：

我们这里大半个世纪以来一直是名副其实的鸟类保护区。去年七月，我们还在感叹鸟儿比以往更多了。然而，突然间，到八月的第二周，所有的鸟儿都消失了。我习惯早起去照顾我最喜欢的母马和它的小马驹，但那时听不到一点鸟儿的鸣叫声。这种寂静令人毛骨悚然，恐惧万分。人类究竟对我们这美好的世界做了什么？五个月后，终于飞来了一只蓝松鸦和一只鹪鹩。

在她所提到的那个秋季，也有自美国南部，如密西西比州、路易斯安那州和亚拉巴马州等地的其他严峻报告陆续传来。美国国家奥杜邦学会和美国鱼类及野生动植物管理部门每季度发布的《田野记事》记录了一个奇特现象，一个“几乎完全没有鸟类的空白地带”。《田野记事》汇集了那些在特定地区长期进行观察的观鸟者的报告，他们经验丰富，对该区域正常的鸟类生活有着深入的了解。一名观察者报告说，那个秋天，她驱车穿越密西西比州南部时，“一路上根本没有看到陆地上的鸟”。另一名在巴吞鲁日的观察者报告说，她放在鸟儿喂食器里的食物“连续几周都没有鸟来动过”，而院子里的浆果灌木，本该在那个时候被鸟儿啄食一空，却仍然挂满果实。还有一名观察者报告称，从他家的大窗户“往外看时，过去常常能看到四五十只红雀及其他鸟类聚集的景象，而现在即使是一两只鸟也很少能看到了”。西弗吉尼亚大学的莫里斯·布鲁克斯教授是阿巴拉契亚地区的鸟类专家，他报告称西弗吉尼亚的鸟类数量正在“难以置信地减少”。

有一个故事可以作为鸟类悲剧命运的象征，这种命运已让一些物种遭受了灭顶之灾，并对其他所有物种构成威胁。这个故事是关于知

更鸟的，这是每个人都熟悉的鸟类。对于数百万美国人来说，第一只知更鸟的出现意味着冬日的寒冷已被打破。知更鸟的到来成为报纸上的新闻，人们在早餐桌上兴奋地传述着。随着候鸟数量的增多，森林中初现绿意，成千上万的人在清晨倾听着知更鸟的第一首黎明合唱。然而，现在一切都变了，就连候鸟的归来也不再是理所当然的事。

和许多其他物种一样，知更鸟的生存似乎与美国榆树的命运紧密相连。这种树是从大西洋到落基山脉的成千上万个城镇中历史的一部分，像雄伟的绿色拱门装饰着街道、村镇广场和大学校园。如今，这种榆树受到了疾病侵袭，这种疾病遍及所有榆树生长的区域，情况很严重，许多专家认为拯救榆树的所有努力注定是徒劳。失去榆树将是一场悲剧，但如果在拯救它们的徒劳努力中将大量鸟类推向灭绝的深渊，那将是双重的悲剧。然而，这正是当前所面临的威胁。

这种被称为“荷兰榆树病”的疾病大约是在 1930 年通过从欧洲进口的榆树树干进入美国的，这种榆树树干主要用于单板行业。荷兰榆树病是一种真菌性疾病，病原真菌侵入树木的输水管道，通过树汁的流动传播孢子，其分泌物的毒性和机械阻塞作用导致树枝枯萎，最终导致树木死亡。这种疾病是通过榆绒根小蠹从病树传播到健康榆树上的。入侵真菌的孢子污染了昆虫在枯死树木的树皮下开凿的通道，孢子附着于虫体，昆虫飞到哪里，就把它传播到哪里。因此，控制榆树真菌病的措施主要集中对携带病原体的昆虫的控制上。在美国榆树的主要分布区，特别是中西部和新英格兰地区，各个社区都已将密集喷洒杀虫剂作为常规的防控措施。

这种杀虫剂的密集喷洒对鸟类，特别是对知更鸟，会有什么影响呢？密歇根州立大学的两位鸟类学家——乔治·华莱士教授和他的博士研究生约翰·梅纳是最早明确回答这个问题的人。1954 年，当梅纳先生开始攻读博士学位时，他选择了一个关于知更鸟种群的研究课题。这个选择纯属偶然，因为当时还没有人觉得知更鸟会面临危险。然而，就在他着手进行这项研究时，发生了一些事件，不仅改变了他课题研究的性质，甚至剥夺了他的研究对象。

也正是从 1954 年开始，密歇根州立大学校园内为防治荷兰榆树病进行了小规模的杀虫药喷洒。1955 年，大学所在的东兰辛市也采取了同样的防控措施，加入了杀虫剂喷洒行列，校园内的喷洒范围进一步扩大。由于当地还同时开展了针对舞毒蛾和蚊虫的防控项目，因此化学制剂的喷洒量已经从小雨变成了倾盆大雨。

1954 年刚刚开始小范围喷洒时，一切似乎都很正常。1955 年春天，迁徙的知更鸟像往年一样开始返回校园。正如汤姆林森在其感人至深的散文《失落的树林》中描写的风信子一样，它们重新出现在熟悉的领地，“未曾预料到灾祸的降临”。但很快，问题就显现出来，有什么事情开始不对劲了。校园里开始出现知更鸟死亡和濒临死亡的情况，很少有鸟出来觅食或聚集在它们常去的栖息地，筑巢的鸟儿寥寥无几，幼鸟更是罕见。同样的情形在之后的几个春天不断上演，喷洒过杀虫剂的区域变成了一个致命的陷阱，每批迁徙而来的知更鸟只要在这个区域待上大约一周，就会被消灭殆尽。新的知更鸟陆续来到这里，不过是徒增了鸟儿的死亡数量罢了。这些鸟在死亡前都痛苦地抽搐着，校园里到处可以看到。

“对于大多数想要在春季来此栖居的知更鸟而言，现在校园成了它们的墓地。”华莱士教授说道。但是，为什么会这样？起初，他怀疑知更鸟的死亡是由于某种神经系统的疾病，但很快发现，“尽管杀虫剂公司声称它们的喷洒‘对鸟类无害’，但是知更鸟实际上是死于杀虫剂中毒，它们表现出非常明显的中毒症状：失去平衡，紧接着震颤、痉挛，继而死亡”。

一些事实表明，知更鸟是中毒而亡，但不是直接接触杀虫剂导致的中毒，而是食用了蚯蚓所导致的间接中毒。在一项研究中，校园里的蚯蚓无意间被喂给了小龙虾，结果所有小龙虾都迅速死亡。一条被关在实验室笼子里的蛇在吃了这样的蚯蚓后，也出现了剧烈的抽搐。而蚯蚓是知更鸟在春季的主要食物。

在乌尔班纳的伊利诺伊自然历史调查所的罗伊·巴克博士为知更鸟的厄运拼图补上了关键的一块。巴克博士的研究成果于 1958 年发表，他追踪到知更鸟的命运是如何通过蚯蚓与榆树紧密相连的。在春天，对这些榆树喷洒了杀虫剂（通常每 50 英尺高的树用 2 ～ 5 磅的 DDT，这相当于在榆树密集的区域，每英亩喷洒量高达 23 磅），一般在 7 月还会再喷一次，浓度约为春天的一半。强力喷洒器将杀虫剂喷射到这种高大树木的各个部位，不仅直接杀死目标生物——榆绒根小蠹，还杀死其他昆虫，包括授粉昆虫、捕食性蜘蛛和甲虫。杀虫剂在树叶和树皮上形成一层顽固的薄膜，雨水也无法冲刷掉。到了秋天，树叶落到地上，堆积成潮湿的一层，开始缓慢地与土壤融为一体。在这个过程中，蚯蚓起到了重要作用，榆树叶是它们最喜欢的食物之一，因此它们吃掉了叶子的碎屑。在吃树叶的过程中，蚯蚓也吞食了杀虫剂，并在体内累积和浓缩了这些毒素。巴克博士发现蚯蚓的整个消化道、血管、神经和体壁中都有 DDT 的沉积物。毫无疑问，一些蚯蚓会因为这些毒素而死亡，而另一些活下来的蚯蚓则变成了毒素的“生物放大器”。春天，知更鸟飞回来，为这一循环提供了另一环节。11 条大蚯蚓就可以将致命剂量的 DDT 传给一只知更鸟，而一只知更鸟几分钟就可以吃掉 10 ～ 12 条蚯蚓，所以 11 条蚯蚓对一只鸟儿来说只是它一天进食量的很小一部分。

并非所有的知更鸟都会摄入致命剂量，但即使不是直接中毒而死，另一种后果也可能导致它们种群的灭绝。所有关于鸟类的研究都表明，杀虫剂影响生物生育能力的阴影一直都在，其潜在威胁已延伸到了所有生物。在密歇根州立大学 185 英亩的校园里，现在每年春天能找到的知更鸟也就二三十只，而在喷洒杀虫剂前，这片区域保守估计有 370 只成年知更鸟。1954 年，梅纳观察的每个知更鸟巢都成功育出了幼鸟。而到了 1957 年 6 月底，按照未喷药前往年的情况，至少会有 370 只幼鸟（正常情况下的成年鸟更新迭代的数量）在校园中觅食，但梅纳仅找到了 1 只知更鸟幼鸟。一年后，华莱士教授报告说："（1958 年的）春天和夏天，我在校园任何地方都没看到一只知更鸟幼鸟，而且到目前为止，我也没听说还有谁在哪儿见过知更鸟。"

造成这种幼鸟数量锐减的部分原因，当然是在筑巢周期完成前，一对知更鸟中的一只或两只就已经死亡。但华莱士还记录到一些更为阴暗的情况——鸟类的繁殖能力实际上已遭到破坏。例如，他记录到："有知更鸟和其他鸟类筑巢但没有下蛋，另一些鸟类虽然下了蛋，也进行了孵化，但却孵不出小鸟。我们观察到一只知更鸟认认真真地在蛋上坐了 21 天，但没有孵出小鸟来，而正常的孵化期仅为 13 天……我们的分析显示处于生育期的鸟类的睾丸和卵巢中 DDT 浓度很高。"他在 1960 年向国会委员会报告时说："10 只雄鸟的睾丸中 DDT 含量从 30 ppm 到 109 ppm 不等，2 只雌鸟的卵巢卵泡中则分别含有 151 ppm 和 211 ppm 的 DDT。"

不久后，其他地区的研究也得到了同样令人沮丧的结果。威斯康星大学的约瑟夫·希基教授及其学生在对喷洒过杀虫剂和未喷洒过杀虫剂的地区仔细比较研究后，报告说喷药区域知更鸟的死亡率达到了 86% ～ 88%。位于密歇根州布隆菲尔德山的克兰布鲁克科学研究所为了评估向榆树喷洒杀虫剂所造成的鸟类损失程度，于 1956 年请求将所有疑似因 DDT 中毒而死亡的鸟类送到该研究所进行检查。这一请求得到了超出预期的响应。几周之内，研究所的冷冻设施已经超负荷运转，以至于不得不拒绝接收更多的样本。到 1959 年，仅一个社区就报告了 1000 只被毒死的鸟儿，其中一部分鸟儿被送来研究所进行检测。尽管知更鸟是主要受害者（有位女士打电话给研究所时说自己家草坪上有 12 只死去的知更鸟），但送检样本中包括了 63 种不同的鸟类。

因此，知更鸟仅是因向榆树喷洒杀虫剂而遭受毁灭性打击的一部分，现在有各种各样的喷药项目，将毒药覆盖在我们的土地上，而榆树喷药项目也仅是这众多项目中的一个而已。大约有 90 种鸟类出现了很高的死亡率，其中包括那些郊区居民和自然爱好者最熟悉的鸟类。在一些喷洒过农药的城镇中，筑巢鸟类的数量普遍减少了 90%。正如我们将看到的，各种类型的鸟类都受到了影响，无论是在地面上觅食的鸟，还是在树梢、树皮上啄食的鸟，抑或是猛禽，遭遇都一样。

所有主要以蚯蚓或其他土壤生物为食的鸟类和哺乳动物，都面临着与知更鸟相似的命运，这样的推测是完全合情合理的。大约有 45 种鸟类以蚯蚓为食，山鹬是其中一种，这种鸟儿一直在南方过冬，而近来南方地区喷洒了大量的七氯。关于山鹬，目前已有两项重要发现：在新不伦瑞克省的繁殖地，幼鸟的产量显著减少，而据分析，成年鸟体内含有大量的 DDT 和氯丹残留物。

目前的记录已令人不安，有超过 20 种在地面觅食的鸟类出现了大量死亡的现象，这些鸟类的食物——蚯蚓、蚂蚁、蛆虫或其他土壤生物——已经有毒了。其中包括三种画眉鸟：橄榄背画眉、林鸫和隐居鸫，它们的鸣叫是鸟类声音中最优美动听的。还有那些在林地的灌木丛中穿梭，在落叶间发出沙沙声的歌雀和白喉雀，它们也成了榆树喷药的受害者。

哺乳动物也直接或间接地被卷入这一循环中。蚯蚓是浣熊食物中重要的一部分，负鼠在春秋季也以蚯蚓为食，地鼠和鼹鼠这类在地下打洞的动物也会捕食蚯蚓。然后，毒素可能就会被传递给像鸣角鸮和仓鸮这样的猛禽。在威斯康星州，春天大雨过后，人们发现了好几只濒死的鸣角鸮，它们可能是因为吃了蚯蚓而中毒；也有鹰和猫头鹰出现了抽搐的情况，包括大角鸮、鸣角鸮、赤肩鹰、雀鹰和白尾鹞，这可能是因为它们捕食的鸟类或老鼠的肝脏或其他器官累积了杀虫剂，从而引起二次中毒。

不仅仅是那些在地面觅食的动物及其捕食者会因榆树叶片被喷洒杀虫剂而面临危险。所有在树顶觅食的鸟类，以及那些从树叶上觅食昆虫的鸟类，已在大量喷洒杀虫剂的地区消失了，其中就有那些林间精灵般的戴菊（包括红冠的和金冠的）、小巧的蚋莺，以及许多林莺，它们在迁徙季节成群结队穿梭于树丛中，带来一片多彩的生机。1956年的春天来得比较晚，杀虫剂喷洒也因此推迟，正好碰上了大量迁徙而来的林莺。几乎所有在该地区出现的林莺都在喷洒后死亡。在威斯康星州的白鱼湾，以往迁徙季节至少可以看到1000只桃金娘莺，然而在1958年给榆树喷洒了杀虫剂后，观察者仅找到2只。加上其他社区报告的情况，死于杀虫剂的林莺名单不断增加，其中包括那些令所有看到它们的人都会着迷的种类：黑白森莺、黄色林莺、木兰林莺和卡普梅林莺，5月在森林中鸣叫的灶巢鸟，翅膀带有火焰般色彩的黑斑森莺，还有栗胁林莺、加拿大莺以及黑喉绿林莺。这些在树顶觅食的鸟类要么因食用了中毒的昆虫而直接受到影响，要么因食物短缺而间接受害。

食物的减少同样重创了那些在天空中翱翔的燕子，它们像鲱鱼滤食海洋浮游生物般，在空中捕食昆虫。一位威斯康星州的博物学家报告："燕子受到严重打击。每个人都抱怨说，和四五年前相比，它们的数量大幅减少。四年前，我们头顶的天空还满是飞来飞去的燕子，现在却很少见到……这既可能由于喷洒杀虫剂导致昆虫减少，也可能是因为昆虫体内有毒。"

关于其他鸟类，这位观察者还写道："另一个显著减少的是菲比霸鹟。霸鹟科的鸟类在各地都很稀少了，而早期常见的菲比霸鹟也已不见踪影。今年春天我只见到过一只，去年春天也只见到一只。威斯康星州的其他观鸟者也有同样的抱怨。以前我有五六对红雀，现在一对也没有了。每年，鹪鹩、知更鸟、嘲鸫和鸣角鸮都会在我们的花园里筑巢，现在全都不见了。夏日清晨再也听不到鸟儿歌唱，现在只剩下害鸟——鸽子、椋鸟和英国麻雀。这真是悲剧，我难以忍受。"

秋季在榆树上喷洒的杀虫剂将毒素送入树皮的每一个小缝隙中，这可能是导致山雀、五子雀、北美山雀、啄木鸟和褐旋木雀等鸟类数量急剧减少的原因。1957年末至1958年初的那个冬天，华莱士教授第一次没在他院子里的喂食架上看到山雀或五子雀。后来，他找到的三只五子雀，逐步揭示出一个令人痛心的因果关系链：一只五子雀在榆树上觅食，另一只表现出典型的DDT中毒症状，命不久矣，第三只则已经死亡。之后，经过检测，发现那只奄奄一息的五子雀的组织里DDT的浓度达到了226 ppm。

这些鸟类的觅食习性不仅使它们特别容易受到杀虫剂的威胁，也使它们的消失在经济方面和其他没那么明显的方面都格外令人惋惜。例如，夏天，白胸鸸和褐旋木雀的食物中包含了大量对树木有害的昆虫的卵、幼虫和成虫。山雀的食物中大约四分之三是各个生长阶段的昆虫。山雀的觅食方式在美国著名鸟类学家本特的里程碑式的著作《北美鸟类生活史》中有所记述："当鸟群移动时，每只鸟都细致地检查树皮、细枝和树干，寻找微小的食物（蜘蛛卵、茧或其他休眠的昆虫）。"

各种类型的科学研究都已经证实了鸟类在多种情况下对昆虫控制所起的关键作用。例如，啄木鸟是恩格尔曼云杉甲虫的主要控制者，能够使其数量减少45%～98%，也对控制苹果小卷蛾具有重要作用；山雀和其他冬季留鸟可以保护果园免受尺蠖的侵害。

然而，在充斥着化学物质的现代世界里，大自然的平衡被打破，杀虫剂的喷洒不仅消灭了昆虫，还消灭了昆虫的主要天敌——鸟类。等到之后虫害卷土重来时——一般都会发生——已没有鸟类来抑制昆虫数量的增长了。正如密尔沃基公共博物馆鸟类馆馆长欧文·J.格罗姆写信给《密尔沃基日报》时所说的：

昆虫最大的敌人是其他捕食性昆虫、鸟类和一些小型哺乳动物，但DDT不加选择地杀死一切，包括大自然的卫兵和警察……我们是否要以发展为名，成为自己邪恶虫害控制手段的受害者？虽然这种控制手段可以让我们获得暂时的安宁，但最终还是会失败。在榆树被毒死、自然的鸟类卫兵被毒药消灭之后，又会有新害虫来蛀蚀剩下的树种，那时我们又要用什么方法来控制它们呢？

格罗姆先生报告说，自威斯康星州开始喷洒化学制剂以来，关于鸟儿死亡和垂死的电话和信件就不断增加。调查显示，这些鸟类死亡的区域都曾进行过杀虫剂喷洒或烟雾消毒。

中西部大部分研究中心（如密歇根州的克兰布鲁克科学研究所、伊利诺伊自然历史调查所以及威斯康星大学）的鸟类学家和环保人士，也和格罗姆先生一样，有类似的经历。在任何正在进行杀虫剂喷洒的地区，随意翻阅报纸的“读者来信”专栏，都能清楚地看到，居民不但对喷药行为感到愤怒，而且往往比下令喷药的官员更深刻地理解喷药的危害性和矛盾之处。密尔沃基的一名女士在信中写道：

> 我真害怕即将到来的日子，许多美丽的鸟儿会在我们的后院死去。这是一个让人遗憾又心碎的经历……此外，杀虫剂的喷洒让人既沮丧又愤怒，因为显然这场屠杀并没有达到预定的目的……从长远来看，难道不能在保护树木的同时也保护鸟类吗？在自然的经济体系中，它们不是互相拯救的吗？难道不能在不破坏平衡的情况下帮助自然恢复平衡吗？

其他人的信件中也表达了这样的观点：榆树，虽然雄伟、高大，适于遮阴，但并不是“神圣不可侵犯的存在”，不应为了榆树而对其他生命发起无止境的破坏性行动。威斯康星州的另一名女士写道：

> 我一直很喜欢榆树，它们就像是我们景观上的地标。但树木的种类有很多……我们也必须保护我们的鸟类。你能想象吗？一个没有知更鸟歌声的春天该是多么无趣和阴郁啊！

我们是要鸟，还是要榆树？对于公众来说，他们面临的选择似乎是非此即彼。但事实并非如此简单，在化学防控领域充满讽刺意味的种种现象中，如果我们继续走这条老路，最后可能两者都得不到。杀虫剂正在杀死鸟类，但并没有拯救榆树。认为拯救榆树就要靠喷洒杀虫剂是一个危险的幻想，这个幻想让一个又一个社区陷入高额开支的泥潭，但却没有带来持久的效果。康涅狄格州格林尼治进行定期喷药已有十年时间。后来，有一年极其干旱，为甲虫存活创造了尤为有利的条件，榆树的死亡率上升了十倍。在伊利诺伊州乌尔班纳市（伊利诺伊大学所在地），1951 年首次发现荷兰榆树病，1953 年开始喷洒杀虫剂，到了 1959 年，尽管已连续喷洒了 6 年，但大学校园内的榆树仍损失了 86%，其中一半是因为荷兰榆树病而死亡的。

在俄亥俄州的托莱多市，类似的情况促使森林管理局局长约瑟夫·A. 斯威尼从现实的角度对喷药的效果进行了认真审视。该市从 1953 年起开始喷洒杀虫剂，持续至 1959 年。然而，斯威尼先生注意到，在此期间，按照“书本和权威”的建议喷药之后，全市的棉絮枫蚧感染情况却比之前更严重了。他决定亲自检查针对荷兰榆树病喷洒杀虫剂的效果，结果令他震惊。他发现在托莱多市，唯一得到控制的区域是那些迅速移除了染病树或虫害树的地方；在以喷洒杀虫剂为主的地方，荷兰榆树病却未能得到控制；而在未采取任何措施的乡村，病害扩散的速度比城市还慢。这表明喷药会破坏所有害虫的自然天敌。

“我们正在放弃针对荷兰榆树病的喷药计划。这让我与那些支持美国农业部建议的人产生了冲突，但我以事实为依据，我将坚持我的主张。”

很难理解为何这些中西部小镇——这些地方的荷兰榆树病扩散得相对较晚——没有去向那些更早遭遇这一问题的地区了解经验，就毫不犹豫地开始了昂贵而雄心勃勃的喷药计划。例如，纽约州在防治荷兰榆树病方面就有长期的经验，人们普遍认为，带病的榆木就是在 1930 年左右通过纽约港传入美国的。如今，纽约州在防治荷兰榆树病方面拥有令人印象深刻的成就，然而，纽约州依靠的并不是喷洒杀虫剂。事实上，纽约州农业推广服务部门并不推荐将喷洒杀虫剂作为社区控制的方法。

那么，纽约州是如何取得如此优异的防治成绩的呢？从早期开始防治荷兰榆树病至今，纽约州依靠的是严格的卫生措施，即及时清除和销毁所有染病的树木。起初，效果并不是很理想，这是因为当时人们不知道不仅要销毁染病的树木，还要将所有可能成为甲虫繁殖场所的榆木一起销毁。染病的榆木被砍下并作为柴火储存，但这些柴火必须在春天之前焚烧，否则就会跑出很多带菌的甲虫。这些甲虫就是冬眠结束的成年甲虫，它们在 4 月末至 5 月苏醒、觅食，传播荷兰榆树病。在实践的基础上，纽约州的昆虫学家已经掌握了哪些甲虫的繁殖木材对疾病的传播具有实质性影响。通过集中处理这些危险木材，不仅可以取得良好的效果，还能将卫生计划的成本控制在合理范围内。1950 年，纽约市 5.5 万棵榆树中感染荷兰榆树病的比例已降低至 0.2%。1942 年，威彻斯特县启动了一项卫生计划。在接下来的 14 年中，该地榆树的年均损耗仅为 0.2%。水牛城有 18.5 万棵榆树，通过实施卫生措施控制疾病，年均损耗率仅为 0.3%。换句话说，按照这种损耗率，水牛城的榆树全部消失将需要约 300 年。

锡拉丘兹的情况尤其令人印象深刻。在 1957 年之前，当地没有实施有效的防治计划。1951 年至 1956 年，锡拉丘兹失去了近 3000 棵榆树。之后，在纽约州立大学林学院的霍华德 · C. 米勒的指导下，该市开展了一项强有力的行动，清除了所有患病的榆树和所有可能成为甲虫繁殖地的榆木。现在该市榆树的年损耗率远低于 1%。

纽约州的荷兰榆树病防治专家强调了卫生措施的经济性。纽约州立农业学院的 J.G. 马蒂斯表示："在大多数情况下，实际支出与能节约下来的费用相比微不足道。如果是一根枯死或断裂的树枝，为了避免造成财产损失或人身伤害，最终还是需要移除。如果是堆积的柴火，可以在春天之前使用，剥去木材的树皮，或将木材存放在干燥的地方。如果是快要枯死或已经枯死的榆树，为防止荷兰榆树病的传播而及时清除的费用通常不会高于之后的清除成本，因为在城市里，大多数枯死的树木最终都需要清除。”

因此，只要采取明智而有效的措施，荷兰榆树病的情况并非完全控制无望。尽管一旦在社区中发展起来，目前已知的手段无法将其根除，但通过卫生防治措施仍可在合理范围内控制荷兰榆树病，无需用到既没有效果又会导致鸟类伤亡惨重的方法。林业遗传学领域也可能提供其他的解决方案，目前的实验有望培育出对荷兰榆树病具有抗性的杂交榆树。欧洲榆树的抗性极强，华盛顿特区种植了许多这种树，在该市的榆树感染率较高的时期，这些欧洲榆树中也没有出现荷兰榆树病的病例。

那些失去大量榆树的社区，迫切需要通过育苗和造林项目来进行补植。这一点非常重要，尽管此类项目可能已经将抗病性强的欧洲榆树包括进来了，但应以多样树种为目标，这样以后任何流行病都不会让一个社区失去所有树木。维系健康的植物或动物群落的关键在于英国生态学家查尔斯·埃尔顿所说的“多样性的保护”。如今发生的情况在很大程度上是过去几代人缺乏生物学知识的结果。上一代人甚至不知道在大片区域种植单一树种会招致灾难，他们在所有城镇的街道和公园里都种满了榆树。现在，榆树枯死了，鸟儿也随之消失了。

和知更鸟一样，另一种美洲鸟类似乎也濒临灭绝。它就是美国的象征——白头海雕。在过去十年里，白头海雕的数量急剧减少。事实表明，在白头海雕的生活环境中有某种因素正在起作用，几乎完全破坏了它的繁殖能力。虽然目前尚不完全确定这是什么，但有一些证据表明，杀虫剂可能是罪魁祸首。

在北美，受到研究最多的白头海雕，分布在佛罗里达西海岸，从坦帕到迈尔斯堡一带。在那里，来自加拿大温尼伯的退休银行家查尔斯·布罗利作为一名鸟类研究者颇具名声，他在 1939 至 1949 年间为超过 1000 只白头海雕幼鸟环志（在他之前，鸟类环志历史上只有 166 只白头海雕被环志过）。布罗利先生在冬季幼鸟还未离巢时为它们环

志。人们之前一直认为这些白头海雕是非迁徙性鸟类，但后来发现这些出生于佛罗里达州的环志鸟沿着海岸向北迁徙，最远甚至到达了加拿大的爱德华王子岛。到了秋季，它们又返回南方，其迁徙路线可在宾夕法尼亚州东部著名的观鸟点鹰山观测到。

在开始环志的头几年，布罗利先生在选定的沿海地带平均每年都能发现 125 个活跃的白头海雕巢穴，每年环志的幼鸟约有 150 只。然而，从 1947 年起，幼鸟数量开始下降，一些巢穴中没有蛋，另一些巢穴中的蛋无法孵化。在 1952 年至 1957 年间，大约 80% 的巢穴未能孵出幼鸟。1957 年，仅剩 43 个巢穴还有白头海雕活动，其中，7 个巢穴成功孵出白头海雕幼鸟（共 8 只），23 个巢穴里有未能孵化的蛋，另有 13 个巢穴仅被成年白头海雕用作觅食地点，没有蛋。1958 年，布罗利先生沿海岸线搜寻 100 多英里，才找到一只白头海雕幼鸟并为它环志。1957 年，曾在 43 个巢穴中观察到成年白头海雕，但其数量急剧减少，到 1958 年仅有 10 个巢穴中还能观察到。

虽然布罗利先生于 1959 年去世了，这宝贵的连续观测研究也中止了，但佛罗里达观鸟协会，还有新泽西和宾夕法尼亚州的报告都证实了这一趋势——我们或许不得不为自己找到一个新的国家象征。鹰山保护区的管理员莫里斯 · 布龙的报告尤为引人注目。鹰山是一座风景如画的高山，位于宾夕法尼亚州东南部，是阿巴拉契亚山脉最东边的山脊，也是阻止西风吹向沿海平原的最后一道屏障。风撞上山体后继续向上吹，因此在秋天很多时候，这里会形成连续的上升气流，阔翅隼和鹰可以在此轻松翱翔，一天之内便可借助此气流完成南迁的数英里旅程。在鹰山，山脊交汇，鹰山上空也是候鸟迁徙路线的交汇点。因此，来自北方广阔区域的鸟儿都需飞越这一狭窄通道。

在担任鹰山保护区管理员的二十多年里，莫里斯 · 布龙观察到并实际记录下来的隼和鹰比任何一个美国人都多。白头海雕的迁徙高峰出现在八月底至九月初。这些白头海雕应该来自佛罗里达，在北方度过夏天后返回家园。（秋末和初冬时会有一些体型更大的白头海雕经过，它们应该属于北方种群，前往南方某地过冬。）从 1935 年到 1939 年，在保护区建立的最初几年，可以观察到 40% 的白头海雕是一岁左右的幼鸟，这一点可以从其全黑的羽毛上轻松地识别出来。但近年来，这些幼鸟已变得稀有。1955 年至 1959 年，幼鸟仅占总数的 20% 左右，其中，1957 年观察到的情况是，每 32 只白头海雕中仅有 1 只幼鸟。

在鹰山的观察结果与在其他地方的发现一致。伊利诺伊州自然资源委员会官员埃尔顿·佛克斯提交的报告便有类似的结论。在密西西比河和伊利诺伊河流域过冬的白头海雕，很有可能属于北方种群。1958 年，佛克斯先生提交的报告称：最近一次统计中，59 只白头海雕里只有 1 只是幼鸟。萨斯奎汉纳河的芒特约翰森岛是世界上唯一一个专门为白头海雕设立的保护区，来自这里的报告也显示出这个种群衰亡的迹象。虽然这个岛在科纳温戈水坝上游 8 英里处，距兰开斯特县的海岸仅半英里，但它仍保持着原始荒野的状态。自 1934 年以来，兰开斯特的鸟类学家、该保护区管理员赫伯特·H. 贝克教授就一直在对这个岛上的一个白头海雕巢穴进行观察。1935 年至 1947 年，这个巢穴的孵蛋情况一直是正常且规律的。然而，自 1947 年开始，尽管成年白头海雕占据了巢穴，并有下蛋的迹象，但却没有幼鸟出生。

芒特约翰森岛的情况和佛罗里达州的一样——成年白头海雕有时会占据巢穴，偶尔会下蛋，但很少甚至从未孵出幼鸟。要解释这种情况，只有一种原因能符合所有事实，那就是某种环境因素已极大地降低了白头海雕的繁殖能力，以至于现在每年几乎都没有新增的幼鸟来维系种群的延续。

以美国鱼类及野生动植物管理局的詹姆斯·德威特博士的实验为代表的诸多实验，已经人为地在其他鸟类中制造出类似情况。德威特博士的实验是研究各种杀虫剂对鹌鹑和野鸡造成的影响，他的系列实验堪称经典。实验表明，鹌鹑和野鸡暴露于 DDT 或相关化学物质中，即使成年鸟没有受到明显的伤害，其繁殖能力也可能受到严重影响。

不同化学成分的作用机制可能各不相同，但最终结果总是一样的。例如，在繁殖季节将 DDT 加入鹌鹑的饮食，鹌鹑虽能存活，甚至产下正常数量的蛋，但很少有蛋能孵化出幼鸟。德威特博士说："许多胚胎在孕育早期看似发育正常，但到孵化期就死亡了。"在孵出的鹌鹑幼鸟中，有一半以上在 5 天内死亡。在其他实验中，野鸡和鹌鹑一同作为实验对象，如果全年都用含杀虫剂的饲料来喂食它们，野鸡和鹌鹑根本下不出蛋。加州大学的罗伯特 · 拉德博士和理查德 · 杰内利博士也报告了类似的发现，当野鸡食用了含有狄氏剂的饲料时，"下蛋数量明显减少，雏鸟存活率也很低"。根据这些学者的说法，这种情况源于蛋黄中累积的狄氏剂，在孵化期间及孵化后逐渐被幼鸟吸收，因此对幼鸟的影响虽有延迟但却致命。

这一观点得到了密歇根州立大学的华莱士博士和研究生理查德 · F. 伯纳德近期研究成果的有力支持，他们发现密歇根州立大学校园里知更鸟体内 DDT 的含量很高。他们在所有被检测的雄性知更鸟的睾丸里，在雌鸟的卵巢里、发育中的卵泡、已经成形但尚未产下的蛋里、输卵管里，在被遗弃鸟巢中未孵化的鸟蛋里、鸟蛋的胚胎里，以及一只刚孵出马上就死亡的雏鸟体内，都发现了毒素。

这些重要的研究成果明确了一个事实：杀虫剂毒素会影响到生物的下一代，即使其下一代并没有接触过杀虫剂。毒素在鸟下的蛋中累积，储存于为发育中的胚胎提供营养的蛋黄中，这是致死的原因，这也解释了为什么德威特的实验中许多鸟类会在孵化过程中或孵化出来几天后死亡。

在实验室中对鹰类开展类似的研究几乎是不可能的，但现在佛罗里达州、新泽西州及其他地区正在开展田野研究，以期获得导致许多鹰类种群明显不育的确凿证据。根据现有的证据来看，罪魁祸首就是杀虫剂。在鱼类丰富的地区，鱼类在鹰类的食物中占了很大一部分（在阿拉斯加约占 65%，在切萨皮克湾地区约占 52%）。布罗利先生长期研究的那些白头海雕主要以鱼为食，这是几乎可以肯定的。自

1945年以来，这一沿海区域多次喷洒了溶解于燃油中的DDT。喷洒的主要目标是盐沼蚊，这些蚊子栖息在沼泽和沿海地区，这些地方同时也是白头海雕主要的觅食地。大量的鱼和螃蟹因喷洒而死亡。对死亡的鱼和螃蟹的组织进行实验室分析，结果显示DDT浓度高达46 ppm。就像鸊鷉因食用清水湖中的鱼而在体内累积了大量的杀虫剂残留物一样，几乎不用怀疑，这些白头海雕体内组织中肯定也累积了DDT。像鸊鷉、野鸡、鹌鹑和知更鸟一样，白头海雕的繁殖能力越来越差，无法维系种群的延续。

世界各地都传来关于鸟类在现代世界中面临危险的回响。这些报告在细节上虽有所不同，但始终重复着化学制剂带来了野生动物死亡的主题。比如，在法国，人们用含砷的除草剂喷洒葡萄藤后，数百只小鸟和鹧鸪死亡；在比利时，曾因鸟类数量多而闻名的鹧鸪狩猎场，在周边农田喷洒杀虫剂后鹧鸪几乎全部消失。

英格兰面临的主要问题似乎更为特别，与播种前用杀虫剂处理种子这种日益普遍的做法有关。用杀虫剂处理种子并非什么新鲜事，但早年使用的化学物质主要是用来消灭真菌的，对鸟类似乎没有影响。大约在1956年，种子处理方法发生了变化，除了杀真菌剂，还加入了狄氏剂、艾氏剂或七氯，以对抗土壤中的昆虫，自此情况就变糟了。

1960年春天，英国野生动物管理部门，包括英国鸟类学信托基金会、皇家鸟类保护协会和猎鸟协会等，收到大量关于鸟儿死亡的报告。“这地方就像是战场，”诺福克的一位庄园主写道，“我的护林员发现了无数的动物尸体，其中包括大量的小鸟——苍头燕雀、绿金翅雀、朱顶雀、篱雀，还有家麻雀……野生动物的死亡简直令人心痛。”一位猎场看守人写道：“用杀虫剂处理过的谷物已经把我的鹧鸪都毒死了，一些野鸡和其他鸟类也一样，成百上千的鸟类被杀死……我看守了一辈子的猎场，这对我来说是一次非常痛苦的经历。看到成双成对的鹧鸪一起死亡，实在令人心碎。”

在一份英国鸟类学信托基金会和皇家鸟类保护协会的联合报告中，描述了大约 67 起鸟类死亡事件，而这个统计仅涵盖 1960 年春天发生的生态破坏事件的极小一部分。在这 67 起事件中，有 59 起是因为食用了杀虫剂处理过的种子，有 8 起是因为喷洒了杀虫剂。

次年又掀起了一波新的中毒事件。诺福克的一个庄园里有 600 只鸟死亡，北埃塞克斯的一处农场里有 100 只野鸡死亡。很快人们就发现，和 1960 年相比，受影响的县数量从 23 个增加到 34 个。农业发达的林肯郡似乎受害最深，报告称约有 1 万只鸟死亡。实际上，这场破坏波及整个英格兰农业区，从北部的安格斯到南部的康沃尔，从西部的安格尔西岛到东部的诺福克。

1961 年春，对各种鸟类死亡的关注达到了高峰，英国下议院的特别委员会开始对此类事件进行调查，听取了农民、庄园主，以及农业部和各种关注野生动物的政府及非政府机构代表的证词。

一位目击者说："鸽子突然就从天上掉下来，死了。"另一位目击者称："你开车从伦敦出发，开一两百英里都见不到一只茶隼。"自然保护委员会的官员说："在本世纪以来，或者说据我所知的任何时候，都没有出现过这种情况，这是我国有史以来野生动物面临的最大威胁。"

目前的设备远不足以满足对死亡鸟类进行化学分析的任务，全英国只有两位化学家可以进行检测，一位是任职于政府的化学家，另一位是受雇于皇家鸟类保护协会的化学家。有目击者看到了焚烧鸟类尸体的大型火堆。尽管如此，人们也尽量收集鸟类尸体进行检测。在被检测的样本中，除了一个样本，其他都含有杀虫剂残留。这个例外是鹬，这种鸟不吃种子。

除了鸟类，狐狸也可能受到了影响，因食用被毒死的老鼠或鸟类而间接中毒。在英格兰，兔子泛滥成灾，非常需要狐狸去捕食兔子。然而在 1959 年 11 月至 1960 年 4 月，至少有 1300 只狐狸死亡。狐狸死亡最多的地区正是食雀鹰、茶隼和其他猛禽几乎绝迹的县郡，这说明毒素是通过食物链传播的，从以种子为食的动物传播到长着毛皮和羽毛的食肉动物。濒死狐狸的行为与氯化碳氢化合物中毒的动物表现相似，它们神志不清、半盲地绕着圈，最终抽搐而死。

那场听证会让特别委员会意识到，对野生动物的威胁“极其令人震惊”，因此，特别委员会向下议院建议：“农业部长和苏格兰国务卿应立即禁止将含有狄氏剂、艾氏剂或七氯的化合物或同等毒性的化学制剂用于种子处理。”特别委员会还建议加强监管，以确保化学制剂在田间和实验室条件下都经过充分测试后再上市。值得强调的是，这类测试在各地的杀虫剂研究都属于空白。生产商的测试只限于常见的实验室动物，如老鼠、狗、豚鼠，不包括野生物种，也很少包括鸟类、鱼类，而且这些测试通常是在人为控制的条件下进行的。将这些测试应用于野外的生物时，其有效性往往大打折扣。

在保护鸟类免受杀虫剂处理过的种子危害这个问题上，英国并不是唯一一个国家。在美国，加利福尼亚及南部的稻米种植区的情况尤为严重。多年来，加利福尼亚的稻农一直在用 DDT 处理稻种，以防止蝌蚪、虾和清水甲虫对水稻幼苗造成损害。加利福尼亚的狩猎爱好者则因为稻田中大量聚集的水禽和野鸡而享受着极佳的狩猎体验。但在过去十年里，稻米种植区的鸟类死亡事件频繁发生，尤其是野鸡、鸭子和燕八哥的死亡。“野鸡病”成了一种广为人知的现象。据一位观察者称，患病的鸟儿“到处找水喝，然后瘫痪，被发现时在水沟旁和稻田埂上颤抖着”。这种“疾病”在春季稻田播种时出现，用于浸泡稻种的 DDT 浓度是成年野鸡致死剂量的许多倍。

几年的时间过去了，更具毒性的杀虫剂被投入使用，用杀虫剂处理种子带来的后果更加严重了。对野鸡来说，艾氏剂的毒性是 DDT 的 100 倍，而现在艾氏剂被广泛用于种子包衣[①]。在得克萨斯州东部的

① 译者注：种子包衣是一种现代农业技术，通过将杀菌剂、杀虫剂、微化肥、植物生长调节剂等非种子物质包裹在种子表面，形成保护层或营养层，以改善种子的播种性能、抗逆能力和生长潜力。

稻田区，这种做法已经使褐树鸭的数量锐减。这种鸭子是墨西哥湾沿岸的物种，长得有点像鹅，全身呈黄褐色。事实上，在发现杀虫剂可以在杀虫的同时减少燕八哥数量后，稻农继续施用很可能是为了一箭双雕，但这对稻田区的几种鸟类产生了灾难性的影响。

“消灭”任何可能打扰我们或给我们带来不便的生物，这样的杀戮习惯已逐渐养成，越来越多的鸟类成为毒剂的直接目标，而非附带的受害者。这种趋势不断增长，农民为了“控制”他们不喜欢的鸟类，越来越倾向于使用毒性极强的杀虫剂（如对硫磷）进行空中喷洒。美国鱼类及野生动植物管理局不得不对这一趋势表示严重关切，指出“用对硫磷处理过的区域对人类、家畜和野生动物构成潜在危险”。例如，1959 年夏天，在印第安纳州南部，一群农民一起雇了一架喷洒飞机，用对硫磷处理河流洼地。该区域是成千上万只燕八哥的绝佳栖息地，它们在附近的玉米地觅食。这个问题本可以通过农业操作上的细微调整来轻松解决，例如，将现在种的玉米换成鸟类吃不到的穗深型玉米，但这些农民已被毒药能轻松消灭他们不想要的生物种类的奇效所说服，于是他们派出飞机，执行这场死亡任务。

结果可能让农民感到满意，因为死亡名单上包括大约 65000 只红翅燕八哥和椋鸟。至于还有多少其他野生动物的死亡未被注意到或记录下来，则无人知晓。对硫磷并非专门针对燕八哥，它是无差别杀手。那些正在洼地里游荡的兔子、浣熊或负鼠，也许它们从未踏足农民的玉米地，但也被判了死刑，判刑的法官和陪审团既不了解、也不关心它们的存在。

那么，人类呢？在加利福尼亚同样喷洒了对硫磷的果园里，工人在处理一个月前喷过药的植被时倒地休克，最终因为精心的医疗护理才幸免于难。印第安纳州是否仍有男孩喜欢在树林或田野中漫游，可能还会去探索河边的土地？如果有，那么是谁在看管这些有毒区域，阻止那些为了寻找未经开发的大自然而误入的人呢？是谁警惕地守望着，提醒无辜的游人，他们即将进入的田野是致命的——所有植物都覆盖着一层致命的薄膜？然而，在如此可怕的风险之下，却无人阻拦这些农民对燕八哥发起一场完全没有必要的战争。

在所有这些情境中，人们都回避这样一个问题：是谁做出的决定，启动了这些致毒的连锁事件，使死亡的浪潮不断扩散，就像一颗石子投入静止的池塘中所激起的涟漪一样？是谁在天平的一端放上可能被甲虫吃掉的叶子，而在另一端放上那些多彩的羽毛堆积成的小山——那些倒在杀虫剂无差别攻击下的鸟类的遗物？在没有征求人们意见的前提下，是谁决定，又是谁有权做这个决定：一个没有昆虫的世界才完美？即便这个世界因此一片荒芜，没有飞鸟的弧形翅膀优雅地掠过？做出这个决定的是某个暂时被赋予权力的独裁者，他在数百万人的一时疏忽中做出了这个决定，而对这些人而言，大自然的美丽与秩序依然有着深刻而不可忽视的意义。

第九章
死亡之河

在大西洋绿色的海底深处，有许多条通向海岸的路，它们是鱼儿游经的路径。虽然这些路看不见也摸不着，但它们与沿海河流的出海水流紧密相连。千百年来，鲑鱼都知道这些淡水之路，并能沿着这些通往河流的路线，回到它们度过生命最初阶段的支流。在 1953 年的夏秋季节，新不伦瑞克海岸上被称为米拉米奇的河流中的鲑鱼，从遥远的大西洋觅食地洄游，逆流而上，进入它们的故乡河。当年秋天，在米拉米奇河的上游，在绿荫掩映的条条支流组成的河网里，鲑鱼在冰冷、水流湍急的砾石河床上产卵。这些产卵地是由云杉、香脂冷杉、铁杉和松树组成的针叶林区域。

这样的情节年复一年地发生，使米拉米奇河成为北美最优质的鲑鱼产地之一。但就在那一年，这种模式遭到了破坏。

秋冬季节，大颗的、裹着厚壳的鲑鱼卵就躺在浅浅的卵坑中，这些卵坑是母鱼在河底挖好的。在寒冷的冬季，鲑鱼卵遵循着自己的节奏，缓慢地生长，直到春天森林里的溪流解冻，重新流动起来，幼鱼才最终孵化出来。起初，这些小鱼——只有半英寸长——躲在河床的卵石间。它们靠大大的卵黄囊维生，不需要觅食。直到卵黄囊被吸收完，小鱼才会开始在溪流中寻找小昆虫。

1954 年春天，当这些小鲑鱼孵化出来时，米拉米奇河里还有之前孵化的小鲑鱼（有一岁大的，也有两岁大的），它们穿着条纹和亮红色斑点的鲜艳外衣。这些小鱼贪婪地觅食，寻找溪流中各种各样的昆虫。

然而，随着夏季的来临，一切都发生了变化。那一年，米拉米奇河的西北流域被纳入一个大规模的喷药计划中，这项计划是加拿大政府于前一年启动的，旨在保护森林免受云杉卷叶蛾的侵害。云杉卷叶蛾是一种本土昆虫，会攻击多种常青树。在加拿大东部，云杉卷叶蛾的数量似乎每35年左右就会达到一个高峰。20世纪50年代初，云杉卷叶蛾的数量急剧上升。为遏制虫害，DDT喷洒行动开始了，最初喷药的规模较小，到了1953年，喷药范围突然扩大。为了保护对制浆和造纸业至关重要的香脂冷杉，人们不再像以前那样只喷洒几千英亩，而是开始对数百万英亩的森林进行喷药。

因此，1954年6月，飞机飞到米拉米奇河西北流域的森林上空，白色的雾状喷洒物划出交错的飞行轨迹。每英亩0.5磅DDT溶于油剂中的喷洒液渗透了香脂冷杉林，一部分最终落到地面和溪流中。飞行员们只专注于他们的任务，没有避开溪流，也没有在飞越溪流时关闭喷嘴——实际上由于喷洒物在即使最轻微的空气流动中也能漂移很远，因此即便他们避开了溪流，结果或许也不会有太大不同。

喷洒结束后不久，就出现了明显的坏征兆。两天之内，河岸上出现了大量鱼类，其中包括许多小鲑鱼，有些已经死去，有些奄奄一息。溪鳟鱼也出现在死鱼之中，而在路边和森林里，鸟类也开始死亡。溪流中的所有生命都陷入了沉寂。在喷洒之前，溪流中有丰富多样的水生生物，比如住在用唾液将树叶、树枝或砾石松散地黏合在一起的舒适的保护壳里的毛翅蝇幼虫，紧贴在湍流中岩石上的石蝇若虫，及栖息在湍流边缘或溪流陡峭岩石下的黑蝇幼虫，它们为鲑鱼和鳟鱼提供了食物。然而现在，溪流中的昆虫全都被DDT杀死了，小鲑鱼再也找不到食物了。

在这样的毁灭性的场景中，小鲑鱼几乎不可能幸免，事实也确实

如此。到了 8 月，当年春天从砾石床中孵化出来的小鲑鱼已经一条不剩了，整整一年的产卵付诸东流。而那些早一年或更早孵化的较大鲑鱼也仅仅稍好一些。1953 年孵化出的幼鱼中，仅有六分之一在经历了飞机喷药后存活下来。1952 年孵化的已经差不多可以游向海洋的幼鱼，仅存活了三分之二。

我们现在之所以会知道这些数据，是因为加拿大渔业研究委员会自 1950 年以来一直在米拉米奇河西北流域进行鲑鱼研究。每年他们都会统计这条溪流中的鱼类数量。生物学家的记录涵盖了洄游产卵的成年鲑鱼的数量、溪流中各年龄组幼鱼的数量，以及溪流中其他鱼类正常种群的数量。通过喷药前这一完整的情况记录，人们得以精确地评估喷药带来的损害，其他地方是很难做到这么精确的。

调查表明，损失的不仅仅是鲑鱼幼鱼，溪流本身也发生了严重的变化。反复喷药已经完全改变了溪流环境，鲑鱼和鳟鱼赖以为食的水生昆虫被杀死。即便在一次喷药之后，这些昆虫中的大多数也需要相当长的时间才能恢复到足以满足正常鲑鱼种群食用的数量——这个时间要以年计而非以月计。

较小的物种，如蠓虫和黑蝇，能够较快地恢复。但这些昆虫仅适合几个月大的鲑鱼鱼苗食用。而两三岁大的鲑鱼赖以生存的较大的水生昆虫则无法如此迅速地恢复。这些较大的水生昆虫包括幼虫阶段的毛翅蝇、石蝇和蜉蝣。即便在 DDT 进入溪流后的第二年，一条觅食的幼鲑鱼也只能偶尔找到一只小石蝇，除此之外找不到其他任何食物，溪流中不会有大型的石蝇、蜉蝣或毛翅蝇。为了给鲑鱼提供这种自然的食物，加拿大人尝试将毛翅蝇幼虫和其他昆虫投放到米拉米奇河的荒芜区域。然而，任何一次重复喷药都会将这些新的昆虫消灭殆尽。

云杉卷叶蛾非但数量没有如预期那样减少，反而表现出顽强的抗药性。于是从 1955 年至 1957 年，新不伦瑞克和魁北克的不同区域重复进行喷药，有些地方多达三次。到 1957 年，近 1500 万英亩的土地被喷洒了杀虫剂。尽管随后暂停了喷洒，但云杉卷叶蛾数量的突然回升导致当地在 1960 年和 1961 年又进行了喷洒。事实上，所有地方的经验和证据都表明化学喷洒并不能有效防治云杉卷叶蛾，这仅是权宜之计（此举可以避免树木因连续几年脱叶而死亡）。因此，只要喷洒继续进行，其不幸的副作用就将继续显现。为了尽量减少对鱼类的破坏，加拿大林业官员根据渔业研究委员会的建议，将 DDT 的浓度从原来的每英亩 0.5 磅减少到 0.25 磅（美国依然沿用标准的每英亩 1 磅的剂量，致命性极强）。现在，对喷药效果经过几年的观察后，加拿大人发现了一个复杂的情况，如果喷药持续进行，这种情况对于鲑鱼垂钓爱好者来说并不是什么好消息。

到目前为止，一系列罕见情形的组合发生使米拉米奇河西北流域的鲑鱼洄游免受了预期的破坏——这一系列罕见情形的组合发生可能一百年都不会出现一次。弄清楚那里发生了什么及其背后的原因非常重要。

正如我们所见，1954 年，米拉米奇河支流流域遭受了大规模药剂喷洒。在此之后，除了 1956 年在一条狭窄区域喷洒过，这条支流的整个上游流域都不在喷洒计划之中。1954 年秋天，一场热带风暴改变了米拉米奇河中鲑鱼的命运。飓风“埃德娜”沿着其北行路径一直猛烈进攻，给美国新英格兰地区，以及加拿大海岸带来了狂风暴雨。由此产生的洪流将溪流中的淡水带入大海，同时也吸引了大量的鲑鱼洄游。因此，鲑鱼的产卵地——溪流中的砾石床上就收获了异常多的鲑鱼卵。1955 年春天，在米拉米奇河西北流域孵化的小鲑鱼发现这里有着理想的生存环境。尽管 DDT 在前一年已经杀死了溪流中所有的昆虫，但最小的昆虫——蠓虫和黑蝇已大量回归，这些昆虫是鲑鱼幼苗的常规食物。这一年孵化的鲑鱼幼苗不仅有丰富的食物，而且几乎没有竞争者。这是因为一个严峻的事实——较大的幼鲑鱼已被 1954 年喷洒的杀虫剂杀死。因此，1955 年的鲑鱼幼苗生长非常迅速，并且存活率异常高。它们在溪流中迅速地度过了生长阶段，早早地进入了海洋。这些鲑鱼中的多数在 1959 年又洄游到这里，并给故乡的溪流带来大量的幼鲑鱼。

如果说米拉米奇河西北流域的鲑鱼洄游仍然保持着相对良好的状态，那是因为喷药仅进行了一年。反复喷洒的结果在喷药区域内其他溪流中已明显可见：鲑鱼种群的数量正在急剧下降。

在所有喷洒过杀虫剂的溪流中，大大小小的幼鲑鱼都很稀少。生物学家报告说，最年幼的鲑鱼常常“几乎被完全消灭”。米拉米奇河的西南主流在 1956 年和 1957 年喷洒了杀虫剂，1959 年的捕捞量是十年来最低的，渔民注意到洄游鱼类中最小的鲑鱼极度稀缺。在米拉米奇河口的样品采集处，1959 年采集到的小鲑鱼的数量仅为前一年的四分之一。1959 年，整个米拉米奇河流域只产出了大约 60 万尾鲑鱼苗，游向海洋的幼鲑鱼数量还不到前三年平均回流数量的三分之一。

在这种背景下，新不伦瑞克省鲑鱼渔业的未来可能取决于寻找到替代的方法，而不是用 DDT 喷洒森林。

除了森林喷洒范围大，以及收集到了翔实的证据，加拿大东部的情况与其他地区并无太多不同。缅因州也有云杉和香脂冷杉林，同样面临控制森林昆虫的问题。缅因州也有鲑鱼洄游，虽然这些洄游，相较于之前的辉煌与壮观，仅算一点零星残余，但这些残余也是得益于生物学家和环境保护主义者的努力，他们在受到工业污染和堆积木材困扰的溪流中为鲑鱼挽回了一些栖息地。尽管喷洒杀虫剂已被作为对抗无处不在的蚜虫的手段，但该州受影响的区域相对较小，至今尚未把鲑鱼产卵的主要溪流包括在内。然而，缅因州鱼类及野生动植物管理部门在某个地区观察到的鱼类情况，也许预示着未来可能发生的情况。该部门报告称：

在 1958 年喷洒杀虫剂之后，大戈达德溪中马上就观察到大量奄奄一息的吸盘鱼。这些鱼表现出典型的 DDT 中毒症状，它们游动不规律，浮出水面喘气，出现震颤和痉挛。在喷洒之后的 5 天内，两个拦网就收集到了 668 条死掉的吸盘鱼。小戈达德溪、凯里溪、阿尔德溪和布莱克溪中的小鱼和吸盘鱼也大量死亡。人们经常看到濒死的鱼顺着水流漂向下游。在喷洒杀虫剂一周后，还经常有失明且奄奄一息的鳟鱼漂流向下。

（已有多项研究证实 DDT 可能导致鱼类失明。1957 年，加拿大一位生物学家在观察温哥华岛北部的喷药情况时报告说，可以直接用手从溪流中捞起切喉鳟的鱼苗，因为这些鱼动作迟缓，且没有逃跑的打算。检查发现它们的眼睛上覆盖了一层不透明的白膜，表明它们的视力已经受损或丧失。加拿大渔业部的实验室研究表明，几乎所有接触过低浓度 DDT［浓度仅为 3 ppm］的鱼类［银鲑］，虽未死亡，但都表现出失明症状，晶状体明显浑浊。）

无论在哪里，只要有大片森林，现代的害虫控制方法都威胁着栖息在树下溪流中的鱼类。美国最著名的鱼类灭绝事件之一就是因为 1955 年在黄石国家公园及其附近喷洒杀虫剂。当年秋天，黄石河中发现了大量死鱼，令渔猎爱好者和蒙大拿州的渔猎管理者大为震惊。约 90 英里的河段受到了影响。在一段约 300 码长的河岸上，发现了 600 条死鱼，包括褐鲑鱼、白鲑鱼和吸盘鱼。鲑鱼的天然食物——溪流中的昆虫，全部消失。

森林服务部的官员声明，他们的喷药行动是根据每英亩使用 1 磅 DDT 是“安全的”这一建议进行的。然而，造成的后果却足以让所有人相信，这个建议远远不够安全。1956 年，蒙大拿州渔猎部门与两个联邦机构——鱼类及野生动植物管理局和森林管理局——合作开始了一项研究。当年蒙大拿州的杀虫剂喷洒面积达到了 90 万英亩，1957 年，又喷洒了 80 万英亩森林。因此，生物学家轻易就找到了适合研究的区域。

死亡似乎已经形成典型的模式：森林中弥漫着 DDT 的气味，水面上漂浮着油膜，岸边散落着死去的鳟鱼。所有被检测的鱼类，无论是活的还是死的，体内组织中都发现了 DDT。和加拿大东部一样，喷洒杀虫剂带来最严重的影响之一是作为鱼类食物来源的有机物数量的急剧减少。在许多研究区域，水生昆虫和其他溪流底部动物的数量已减少到了正常数量的十分之一。这些昆虫对鳟鱼的生存至关重要，一旦遭到摧毁，这些昆虫的种群需要很长时间才能恢复。即便在喷药后第二个夏季结束时，水生昆虫的数量也仅仅略微恢复。在一条曾经有丰富底栖生物的溪流中，几乎找不到任何水生昆虫，而适于垂钓的鱼类数量也减少了 80%。

鱼类并不一定会立即死亡。事实上，杀虫剂给鱼类造成的延迟死亡可能比立即死亡更为常见。蒙大拿州的生物学家发现，杀虫剂造成的鱼类的延迟死亡情况可能并未被上报，因为这类死亡往往发生在捕鱼季节之后。在开展研究的溪流中，许多秋季产卵的鱼类死亡了，包括褐鲑鱼、溪鳟鱼和白鲑鱼。这并不奇怪，因为有机体，无论是鱼类还是人类，在生理压力下，都会动用储存的脂肪作为能量来源。这使得它们不得不面对储存在组织中 DDT 的致命影响。

因此，很明显，每英亩 1 磅 DDT 的喷洒剂量对森林溪流中的鱼类构成了严重威胁。此外，由于控制蚜虫的目的并未达成，许多地区计划进行重新喷洒。蒙大拿州渔猎部门强烈反对进一步喷洒，表示“对于那些必要性存疑、也不知道能不能成功的计划，我们不愿意牺牲渔猎资源”。然而，渔猎部门称将继续与森林管理局合作以“确定减轻对鱼类不利影响的方法”。

但这种合作能否成功挽救鱼类呢？对此，不列颠哥伦比亚省的一个案例提供了有力的证据。在那里，黑头蚜虫成灾的情况已经持续了好几年。森林管理人员担心如果再发生一次季节性的树叶脱落，可能会出现大量树木的死亡，于是决定在 1957 年进行虫害防控作业。他们与渔猎部门进行了多次磋商，渔猎部门的官员担心此举影响鲑鱼的洄游。森林生物学部同意在不影响防治效果的前提下，尽可能调整喷洒计划，以降低对鱼类的风险。

尽管采取了这些预防措施，并付出了努力，但至少有四条主要溪流中的几乎所有的鲑鱼都被杀死了。

在其中一条河流中，40000 只洄游的成年银鲑鱼所产的幼鱼几乎全部死亡。几千只虹鳟鱼和其他种类鳟鱼的幼鱼也遭遇了同样的厄运。银鲑鱼的生命周期是三年，洄游的银鲑鱼几乎全部属于同一年龄组。像其他种类的鲑鱼一样，银鲑鱼有强烈的洄游本能，会返回出生的溪流。这意味着其他溪流的银鲑鱼不会游过来补上这里失去的数量。因此，这也意味着每隔三年，这条河流将几乎没有鲑鱼洄游。只有通过精心管理，如人工繁殖或其他方法，才能让这个具有重要经济价值的种群恢复。

既要保护森林，又要拯救鱼类，要实现这个目标还是有办法的。有人认为我们只能将水道变成死亡之河，这是注定的命运，这种想法未免过于绝望，完全屈从于失败主义。我们必须多多用上目前已知的替代方案，同时还要运用我们的智慧和资源来寻求更多的方法。有记录表明，自然寄生现象比喷洒药物更能有效地控制蚜虫，应当充分利用这种自然控制的方法。我们还可以使用毒性较低的喷雾，或者更佳的方案是利用微生物，让蚜虫生病，而不影响整个森林的生态系统。稍后我将分享一些替代方法以及它们的前景。与此同时，认识到化学喷洒控制森林虫害既不是唯一的方式，也不是最好的方式，这一点很重要。

杀虫剂对鱼类的威胁可以分为三类。第一类，如我们所知，是与森林喷洒这一举措相关的，北方森林中溪流里的各种鱼类都受到 DDT 的影响。第二类则更广泛、更分散，涉及许多不同种类的鱼，如鲈鱼、太阳鱼、美洲大鳃鲈鱼、吸盘鱼等。它们栖息在全国各地的水域中，包括流动的水体中。这类威胁还涉及现代农业中使用的几乎所有的杀虫剂，但目前只有异狄氏剂、八氯莰烯、狄氏剂和七氯这些主要的罪魁祸首可以轻易地被检测出来。第三类现在必须考虑的问题是，我们要运用逻辑推理来预判未来会发生什么，因为揭示这些事实的研究才刚刚开始，这个问题涉及盐沼、海湾和河口的鱼类。

随着新型有机杀虫剂的广泛使用，鱼类遭受严重危害是不可避免的。鱼类对现代杀虫剂的主要成分氯化烃异常敏感。当数百万吨有毒的化学制剂被喷洒到土地表面时，某些化学制剂不可避免地会进入在陆地与海洋之间不断循环的水流中。

鱼类死亡的报告，尤其是灾难性的死亡事件，现在已经变得非常常见，以至于美国公共卫生管理部专门成立了一个办公室，收集来自各州的此类报告以作为评估水污染的一项指标。

这是一个关乎广大民众的问题。在美国，大约有 2500 万人将钓鱼视为主要的娱乐方式，还有约 1500 万人至少会偶尔垂钓。这些人每年在购买钓鱼许可证、钓具、船只、露营装备、汽油和支付住宿费用上花费高达 30 亿美元。因此，让他们无法享受垂钓运动的因素也将波及许多经济利益。商业捕捞就是其中一种利益，更重要的是，鱼类还是一种重要的食物来源。内陆和沿海渔业（不包括近海捕捞）每年的鱼类产量大约为 30 亿磅。然而，正如我们将看到的那样，杀虫剂侵入溪流、池塘、江河和海湾等，已经对渔业——无论是娱乐性的还是商业性的，都造成了威胁。

在农业作物上喷洒杀虫剂对鱼类造成侵害的例子随处可见。例如，加利福尼亚州有一次尝试使用狄氏剂控制稻叶潜蝇，导致大约 6 万条垂钓鱼类死亡，主要是蓝鳃太阳鱼和其他太阳鱼；在路易斯安那州，由于在甘蔗田使用了异狄氏剂，仅在 1960 年一年内就发生了 30 多起严重的鱼类死亡事件；宾夕法尼亚州的果园用异狄氏剂对付鼠类，也导致了大量鱼类死亡；西部的高地平原使用氯丹控制蝗虫后，许多溪流鱼类相继死亡。

可能没有哪个农业项目像美国南部那样为控制火蚁而对上百万英亩的土地进行大规模喷药。杀虫剂主要的化学成分是氯丹，对鱼类的毒性仅略低于 DDT。已有充分证据表明：狄氏剂（另一种对付火蚁的杀虫剂），对所有水生生物都构成极大的威胁，而异狄氏剂和八氯莰烯对鱼类的危害则更大。

所有防控火蚁的地区，无论使用的是七氯还是狄氏剂，都有水生生物受到灾难性影响的报告。以下几则摘录可反映研究这类影响的生物学家的态度：在得克萨斯州，“尽管努力保护水渠，但水生生物仍然损失严重”，“所有喷洒过杀虫剂的水域都有死鱼”，“鱼类的死亡情况非常严重，且持续了 3 周以上”；在亚拉巴马州威尔科特斯县，“大部分成年鱼在喷洒杀虫剂后几天内都死了”，“临时性水体和小支流中的鱼类似乎已被完全消灭”。

在路易斯安那州，农民抱怨农场池塘中的鱼类死亡。沿着一条运河，在不到四分之一英里的范围内，有 500 多条死鱼，有的漂浮在河里，有的死在岸边。在路易斯安那州的另一个县，每找到 4 条活着的太阳鱼就能同时找到 150 条死鱼，而其他 5 种鱼似乎已彻底灭绝。

在佛罗里达州喷洒过杀虫剂的区域，检测发现池塘中的鱼体内含有七氯及其衍生物质环氧七氯的残留。这些鱼包括太阳鱼和鲈鱼，都是垂钓者喜爱的鱼类，常常是人们餐桌上的美味。然而，对美国食品药品监督管理局来说，这些鱼体内残留的化学物质即使是微量，对人类健康也是极其有害的。

各地都有关于鱼、青蛙及其他水生生物死亡的报告，以至于美国鱼类学家和爬虫学家协会——一个致力于鱼类、爬行动物和两栖动物研究的历史悠久的科学组织——在 1958 年通过了一项决议，呼吁美国农业部和相关州政府机构停止“七氯、狄氏剂及其他同类毒药的空中喷洒，以免造成不可弥补的危害”。该协会特别指出，美国东南部栖息着丰富多样的鱼类和其他生物，其中包括一些世界上仅此独有的物种。该协会警告说：“这些动物有许多仅栖息在很小的范围内，如果不采取措施，可能会彻底灭绝。”

针对棉花害虫的防控措施，使南部各州的鱼类遭受重创。1950 年夏天，对亚拉巴马州北部的棉花种植区来说是个灾难性的季节。在 1950 年之前，这里几乎很少使用有机杀虫剂来防治象鼻虫。但是，由于连续经历了几个温和的冬季，1950 年这里出现了大量象鼻虫。在当地推广员的建议下，有 80% ～ 95% 的农民开始使用杀虫剂。农民最青睐的化学制剂是八氯莰烯，这是一种对鱼类极具毒性的杀虫剂。

那个夏天降雨频繁，雨量充沛。雨水将喷洒在田里的化学物质冲入河流，而每当这种情况发生，农民就会再补喷杀虫剂。仅在 1950 年当年，这里的棉田平均每英亩就施用了 63 磅八氯莰烯。有些农民甚至每英亩施用量多达 200 磅，其中一名农民更是过于积极，每英亩竟然施用了超过 550 磅的杀虫剂。

这样用药的后果可想而知。弗林特河流经阿拉巴马州长达 50 英里的棉花种植区，最后汇入惠勒水库，这里发生的情况正是该地区的典型案例。8 月 1 日，暴雨倾泻在弗林特河流域。雨水在土地上形成小溪、小河，最终汇聚成洪流涌入弗林特河，导致河水水位上升了 6 英寸。到第二天早晨，很明显可以看出，被带入河里的不止雨水，还有大量的化学物质。鱼在水面附近毫无目的地打转，偶尔还会有鱼从水里跳向岸边，人们很容易就可以抓到这些鱼。一个农民捡了好几条，并把它们放进了一个泉水池中。幸运的是，这个泉水池中的水未受到污染，这几条鱼才得以恢复。一整天，河流中的死鱼都顺流而下。这还仅仅是开始，每一场降雨都会将更多的杀虫剂冲入河中，杀死更多的鱼。8 月 10 日的降雨导致整条河流的鱼类大量死亡，所剩无几的鱼也在 8 月 15 日另一波有毒物质进入溪流时遭到毒害。人们把金鱼放入河中的笼子里进行试验，结果这些鱼在一天内就死亡了，这证实了致命化学物质的存在。

弗林特河中注定要死亡的鱼类包括大量的美洲大鳃鲈鱼，这是垂钓者的最爱之一。弗林特河最终流入惠勒水库，在该水库中也发现了大量死亡的鲈鱼和太阳鱼。这些水域中那些没有垂钓价值的鱼类——鲤鱼、牛胭脂鱼、鼓鱼、鳔鱼和鲇鱼，也被彻底消灭了。除了临死前不规律地游动和腮部奇异的深酒红色，它们都没显示出什么疾病的征兆。

当农场施用杀虫剂时，农场里围起来的池塘，其温暖、封闭的条件对鱼类来很可能说是致命的。许多实例表明，雨水和周围土地的径流会将毒性物质带入池塘。有时池塘不仅要接收被污染的径流，还会因为喷洒杀虫剂的飞行员在飞越池塘时忘记关闭喷雾器而直接收到一剂毒药。即便没有这些复杂的因素，正常的农业用药也会让鱼类暴露在远高于致死剂量的化学物质中。因为往池塘里投放的化学制剂用量只要超过每英亩 0.1 磅通常就被视为危险，换句话说，即使大幅减少杀虫剂的用量，也几乎不会改变这种致死的局面。而一旦有毒物质进入池塘，就很难清除。为了清除一个池塘里没多大用处的鲦鱼，人们曾经往池塘里投放 DDT，尽管经过多次排水和冲洗，这个池塘仍然有剧毒，导致后来投放的太阳鱼有 94% 都死亡了。显然，化学物质残留在池塘底部的淤泥中。

目前的情况并不比刚刚开始使用现代杀虫剂时好多少。1961 年，俄克拉何马州野生动物保护局指出，每周至少有一例农场池塘和小湖中鱼类死亡的报告，且这类报告的数量在不断增加。造成这些鱼类死亡的正是多年来反复出现的情况：对农作物施用杀虫剂——天降大雨——有毒物质被冲入池塘。

在世界上的某些地区，用池塘养鱼为人们提供了不可或缺的食物来源。在这些地方，使用杀虫剂而不顾及其对鱼类的影响会立即引发问题。例如，在罗得西亚，卡福埃鲫鱼是重要的食用鱼，其幼鱼在含有浓度仅为 0.04 ppm DDT 的浅水池中就会死亡。许多其他杀虫剂，即使剂量更低，对它们也是致命的。卡福埃鲫鱼生活的浅水区也是蚊虫滋生的绝佳之地，卡福埃鲫鱼又是非洲中部地区饮食中重要的鱼类，如何在控制蚊虫的同时保护这些鱼，这一难题尚未得到令人满意的解决。

菲律宾、中国、越南、泰国、印度尼西亚和印度的虱目鱼养殖也面临类似的问题。在这些国家，虱目鱼一般养殖在沿海的浅水池中。这种鱼的鱼苗会突然出现在沿海水域（无人知晓它们从何而来），然后人们把鱼苗捞起放入蓄水池中，它们就在蓄水池里长大。对于以大米为主食的东南亚及印度数百万民众来说，虱目鱼提供了极为重要的动物蛋白。太平洋科学大会已建议进行国际合作，寻找其尚不为人知的产卵地，以便大规模发展虱目鱼养殖。然而，喷洒杀虫剂已导致现有蓄水池中的鱼类大量死亡。在菲律宾，为了控制蚊虫而进行的空中喷药给池塘养殖者带来了巨大的损失。有一个养殖了 12 万尾虱目鱼的池塘，在喷药飞机飞过后，尽管池塘主人拼命地注水以稀释有毒物质，仍然有超过一半的鱼死亡。

近年来最引人注目的鱼类大量死亡事件之一发生在 1961 年得克萨斯州奥斯汀市下游的科罗拉多河上。那年 1 月 15 日，星期天，清晨，奥斯汀的新城湖和其下游约 5 英里的河段中出现了死鱼，而在此前一天还没有出现死鱼的迹象。到了星期一，下游 50 英里的河段也报告了出现死鱼的情况。至此，显然有某种有毒物质沿着河水向下游扩散。到了 1 月 21 日，下游 100 英里的拉格兰奇附近的鱼类开始死亡。一周后，有毒的化学物质波及奥斯汀下游 200 英里的河段。到 1 月的最后一周，内陆水道的闸门关闭，阻止了有毒水体进入马塔戈达湾，并将其引入墨西哥湾。

与此同时，奥斯汀的调查人员注意到一种与氯丹和八氯莰烯相关的气味，这种气味在某个下水道排水口排出的水体中尤为浓烈。这个排水口过去因工业废水问题而备受关注。得克萨斯州渔猎委员会的官员沿排水口溯源调查时发现，在排水口所有的开口处都能闻到类似六氯化苯的气味，而这个气味来自一座化工厂的排水管。该工厂的主要产品包括 DDT、六氯化苯、氯丹和八氯莰烯，以及少量其他杀虫剂。工厂经理承认，近期将大量粉状杀虫剂冲入了雨水排水系统，更重要的是，他还表示这种对杀虫剂溢出物和残留物的处理方式是惯常做法，已持续 10 年了。

进一步调查时，渔业官员发现其他工厂的雨水排水或日常清理用水也将杀虫剂带入排水系统，而链条上最终一环的关键证据是，在湖泊和河流水体对鱼类变得致命的几天前，几百万加仑的高压水冲洗过整个排水系统，以清除其中的碎屑残留。这次冲洗无疑将积存在砂砾、沙石和碎石中的杀虫剂一起冲出，进入湖泊，随后进入河流。之后的化学测试也证实了这些物质的存在。

当这股致命的污染沿着科罗拉多河顺流而下时，它也带来了死亡的阴霾。在湖泊下游 140 英里处，鱼类几乎完全灭绝。后来为了查明是否有鱼幸存，人们用围网打捞，结果什么鱼都没捞上来。死掉的鱼共有 27 种不同种类，总重量约为每英里河岸 1000 磅，有河流里的主要垂钓鱼种沟鲇鱼，还有蓝鲇鱼、平头鲇鱼、大头鱼、四种太阳鱼、鲦鱼、鲮鱼、石滚鱼、大口鲈鱼、鲤鱼、鲻鱼和吸盘鱼，此外还有鳗鱼、雀鳝、鲤鱼、鲤吸鳅、鰶鱼和牛胭脂鱼。有一些还是河里的资深居民，因为它们体型巨大，显然已生存多年——许多平头鲇鱼重量超过 25 磅；据报道，当地居民在河岸捡到了一些重达 60 磅的鲇鱼，其中有一条巨大的蓝鲇鱼，官方记载其重量为 84 磅。

据渔猎委员会推测，即使没有更进一步的污染，河流中的鱼类种群结构经过多年也难以恢复。一些种类——那些仅存活于其自然分布范围的种类——可能永远无法重新建立种群，而其他种类只能依靠州政府大规模的养殖才能恢复。

这仅仅是已知的奥斯汀鱼类灾难的一部分，但几乎可以肯定的是，这一灾难还没有结束。有毒的河水在流经下游 200 多英里后仍然具有致命的毒性。马塔戈达湾以其牡蛎床和虾渔场而闻名，若让这些有毒的河水直接流入，后果将不堪设想，因此全部的毒河水被引入了开放水域的墨西哥湾。那么，毒河水在那里会造成什么影响呢？还有其他几十条河流，它们带着同样致命的有毒物质流入这些海域，又将造成什么样的影响？

目前，我们对这些问题的回答大多只能是推测，但杀虫剂污染对河口、盐沼地、海湾及其他沿海水域的影响引起了越来越多的关注。这些区域不仅要受到河流的污染排放，往往还要为了控制蚊虫或其他害虫而遭受杀虫剂的直接喷洒。

在佛罗里达州东海岸的印第安河地区，可以看到杀虫剂对盐沼、河口及所有入海口生物的影响，没有哪里比这里的展示更为直观。1955 年春季，为了消灭沙蝇的幼虫，这里的圣露西县大约 2000 英亩的盐沼地被喷洒了狄氏剂，浓度为每英亩 1 磅的有效成分。这样的浓度对水体生物的生命造成了灾难性的影响。该州卫生委员会昆虫学研究中心的科学家在喷洒后调查了这场杀戮，报告称鱼类的死亡几乎是“完全彻底的”，死鱼散落在岸边各处；从空中可以看到鲨鱼被吸引过来，吞食那些在水中奄奄一息无助的鱼儿；没有一种鱼可以幸免于难，死亡的鱼类包括鲻鱼、海鲈鱼、银鲈和食蚊鱼。

在沼泽地带的整个区域（不包括印度河沿岸），有 20 ～ 30 吨，约 1175000 条，至少涵盖了 30 个不同种类的鱼直接死亡［调查小组的 R.W. 小哈林顿和 W.L. 比林梅尔报告称］。

软体动物似乎没有受到狄氏剂的伤害。甲壳类动物在该区域内几乎完全灭绝，整个水生蟹种群被毁，招潮蟹中仅有少数在未被杀虫剂颗粒喷洒到的沼泽区域暂时幸存下来，其他全被杀死。

大型的食用鱼和可供捕猎的鱼类最先死亡……螃蟹开始袭击并吞食垂死的鱼，但第二天这些螃蟹也死了。蜗牛继续啃食死鱼的尸体，两周后，死鱼的尸体一点痕迹都没有了。

已故的赫伯特·R. 米尔斯博士在佛罗里达州的另一侧海岸坦帕湾，也曾观测到同样的惨剧。美国国家奥杜邦学会在此区域（包括威士忌斯当礁在内）设有海鸟保护区。讽刺的是，当地卫生部门发起了消灭盐沼蚊虫的运动，然后这片保护区就变成了荒凉的避难所。鱼类和螃蟹又一次成为主要受害者。招潮蟹，小巧而独特的甲壳动物，成群地在泥滩或沙滩上移动，像放牧的牛群一般，但它们对喷洒的杀虫剂毫无防御能力。在夏季和秋季的连续喷洒中（有些地区喷洒多达

16次），米尔斯博士这样总结招潮蟹的状态：“到这个时候，非常明显，招潮蟹的数量在逐渐减少。在10月12日这一天的潮汐和天气条件下，海滩上本该有大约10万只招潮蟹，但实际上可以看到的却不超过100只，这些能看到的招潮蟹要么已经死亡，要么就是病重的状态：颤抖、抽搐、蹒跚，几乎无法爬行。而在附近未喷洒杀虫剂的区域，招潮蟹仍然随处可见。”

招潮蟹在其所处的生态系统中占据着不可替代的重要位置，难以由其他物种填补。它是许多动物重要的食物来源。沿海的浣熊以招潮蟹为食，栖居沼泽的鸟类如长嘴秧鸡、滨鸟，甚至一些海鸟都会捕食招潮蟹。新泽西州的一个盐沼地喷洒DDT后，笑鸥的数量在几周内减少了85%，估计是因为喷药后这些鸟类无法找到足够的食物。沼泽地的招潮蟹在其他方面也很重要，它们是有用的清道夫，挖掘的大量洞穴为沼泽的泥土通气，还为渔民提供了大量的鱼饵。

招潮蟹并不是潮汐沼泽和河口地带唯一受到杀虫剂威胁的生物，还有一些对人类更重要的物种也受到了威胁，切萨皮克湾及大西洋沿岸其他地区著名的蓝蟹就是其中之一。蓝蟹对杀虫剂极为敏感，每当在潮汐沼泽的溪流、沟渠和池塘中喷洒药物时，生活在那里的蓝蟹大部分都会死亡。不仅本地的蟹会死亡，从海洋进入喷洒区域的蟹也会因残留的毒药而死亡。有时毒害还会间接发生，比如在印度河附近的沼泽中，螃蟹吞食了垂死的鱼类，很快便因中毒而死亡。人们对龙虾受到危害的情况还不甚了解。事实上，龙虾与蓝蟹同属于节肢动物类，具有相似的生理特征，估计也会受到相同的影响。对于可以作为人类食物、具有重要经济价值的石蟹和其他甲壳类动物来说，情况也一样。

近岸水域，如海湾、海峡、河口、潮汐沼泽，构成了极其重要的生态单元，它们与许多鱼类、软体动物和甲壳类动物的生命息息相关、密不可分，如果这些水域不再适宜居住，那么这些海鲜将从我们的餐桌上消失。

即使是那些在沿海水域广泛活动的鱼类，许多也会在受保护的近岸水域繁育幼鱼和觅食。在佛罗里达西海岸下游三分之一的地方，在红树林环绕的迷宫般的溪流和运河中，有大量的海鲢幼鱼。在大西洋沿岸，海鳟鱼、石首鱼、鲳鱼和鼓鱼在岛屿或堤岸之间的沙质浅滩上产卵，这些岛屿和堤岸就像保护链一样环绕着纽约南部大部分的海岸。幼鱼孵化出来后，随着潮汐通过入海口进入内湾。在柯里塔克湾、帕姆利科湾、博格湾以及其他许多海湾，幼鱼找到丰富的食物并迅速生长。要是没有这些温暖的、有丰富食物的海湾为幼鱼提供保护，那么这些鱼类以及许多其他物种的数量将无法维持。然而，我们却允许农药通过河流进入这些水域，甚至还在沿岸的沼泽地里直接喷洒。这些鱼类在幼年阶段比成年阶段更容易受到化学物质的毒害。

虾类在幼年阶段也依赖着近岸的觅食地。一种数量众多、分布广泛的虾类支撑着整个南大西洋和墨西哥湾沿岸各州的渔业。虽然它们在海中产卵，但幼虾在几周大时会进入河口和海湾，在那里经历一系列的蜕皮和形态变化。这些幼虾从五月或六月开始，一直待到秋天，在这些地方以水底的碎屑为食。在虾类近岸生活的全部时期，其种群的健康状况及以此为主的渔业都依赖于河口区域良好的水质条件。

杀虫剂是否对以虾类为主的渔业和市场供应构成了威胁？答案或许可以从商业渔业局实验室最近的实验中找到。实验发现，刚刚脱离幼虫期、有了点商业价值的幼虾对杀虫剂的耐受性极低，而这个测量浓度标准仅为 ppb（十亿分之一），还不是更常用的 ppm。例如，在一次实验中，狄氏剂的浓度仅为 15 ppb，就有一半的虾死亡。其他化学物质毒性更强，一直被认为是最致命的杀虫剂之一的异狄氏剂，仅 0.5 ppb 的浓度就能杀死一半的虾。

杀虫剂对牡蛎和蛤蜊的威胁更加严重，它们的幼年阶段也是最为脆弱的时期。这些贝类分布在从新英格兰到得克萨斯的海湾、海峡和潮汐河的底部，及太平洋沿岸有屏障的水域。成年贝类的栖息地固定不变，它们会在海中排卵，幼体在前几周是自由生活的。夏日，用一张细网眼的拖网在船后拖拽，就可以捕获到非常小、脆弱得如玻璃一般的牡蛎和蛤蜊幼体，一起打捞上来的还有各种浮游生物。这些牡蛎和蛤蜊幼体是透明的，小到如尘埃一般，它们游动在海水表层，以浮游生物中的微型植物为食。如果没有这些微小的海洋植物，贝类幼体就会饿死。不幸的是，杀虫剂很可能会摧毁大量的浮游生物。一些常用于草坪、耕地、路边甚至沿海沼泽的除草剂，对贝类幼体所食的浮游生物具有极强的毒性，有些仅需不足 10 ppb 的浓度就足以致命。

只需一点点，许多常见杀虫剂就能杀死这些脆弱的贝类幼体。只要接触到这些化学制剂，即使其低于致死剂量，也可能最终导致幼体死亡，因为它们的生长速度不可避免地会受到抑制，这将延长幼体在有毒的浮游生物世界中的生存时间，从而降低其发育成熟的概率。

对于成年软体动物而言，直接中毒的危险似乎要小得多，至少某些杀虫剂不会引起成年软体动物的直接中毒。然而，这并不能让人放心。牡蛎和蛤蜊可能会将这些毒素积攒在消化器官及其他组织中，而人们在食用这两种贝类时通常是整只吞食，有时甚至直接生吃。商业渔业局的菲利普·巴特勒博士指出了一个令人不安的处境：我们可能会发现自己面临与知更鸟相同的处境。他提醒我们，知更鸟的死亡并非因为直接接触 DDT，而是因为吃了已经在体内累积了杀虫剂的蚯蚓。

杀虫剂直接导致河流或池塘中成千上万的鱼类或甲壳类动物突然死亡，尽管这种明显的后果令人震惊且担忧，但杀虫剂通过溪流和河流间接流入海洋最终造成的隐性影响——这些影响目前大多未知，且无法衡量——可能更具灾难性。整体情况充满了疑问，而这些疑问目前尚无让人满意的答案。我们知道，农田和森林径流中的杀虫剂正在通过许多甚至可能所有主要河流被带入海洋，但我们并不知道所有化学物质的具体成分或总量，也没有可靠的检测方法能够在它们进入海洋并高度稀释后辨别出这些化学物质。尽管我们知道这些化学物质在长时间的移动过程中肯定发生了变化，但我们不知道改变后的化学物质和原来的物质相比，毒性是增强了还是减弱了。另一个几乎未被探索的领域是化学物质之间相互作用的问题，当它们进入海洋环境时，这个问题尤为复杂，因为海洋中有许多不同的矿物质，可以进行混合和转换。所有这些问题都迫切需要从广泛研究中得到准确答案，但用于这些研究的资金却少得可怜。

渔业——无论是淡水渔业还是海水渔业——是非常重要的资源，关系到许多人的利益和福祉。如今，进入水域中的化学物质严重威胁着渔业资源，这一点毋庸置疑。如果我们能将每年用来研发更具毒性的杀虫剂的资金中的一小部分转用于上述建设性的研究，我们就可以找到办法，使用不那么危险的材料，避免有毒物质进入我们的水域。公众什么时候才能充分认清这些事实并呼吁采取相关行动呢？

第十章
无差别的空投

使用飞机喷洒杀虫剂，起初只是农田和森林小范围的喷洒，之后范围逐步扩大，喷洒的剂量也不断增长，以至于一位英国生态学家最近将这种现象称为“令人震惊的死亡之雨”降落在地球表面。我们对有毒物质的态度也发生了微妙的变化。过去，有毒物质装在容器中，容器外标有骷髅和交叉骨头的标志，而且用到这些有毒物质的场景不多，使用者也会极其小心，确保只接触施用目标而不影响其他事物。随着新型有机杀虫剂的发展，加上二战后飞机过剩，这一切都被抛诸脑后。尽管今天的有毒物质比以往任何时候都更加危险，但令人震惊的是，它们变成了可以从天空无差别洒落的东西。不仅是目标昆虫或植物，凡是在化学物质落地范围内的任何事物，无论是人类还是非人类，都可能受到这些有毒物质的影响。喷洒不仅在森林和耕地中进行，乡镇和城市也难以幸免。

现在，许多人对在数百万英亩土地上空投放致命化学物质感到不安，而 20 世纪 50 年代末开展的两次大规模喷洒行动更加深了这种不安。这两次大规模喷洒分别是对付东北部几个州的舞毒蛾和南方的火蚁。这两种昆虫虽然都不是本土物种，但它们在美国已经存在多年，并未造成什么需要采取极端措施的严重后果。然而，基于农业部防控部门长期以来奉行的“为达目的不择手段”的指导思想，该部门对这

两种昆虫突然采取了激烈的行动。

舞毒蛾防控计划表明，当轻率地以大规模喷洒杀虫剂替代局部的温和控制时，会造成巨大的破坏。针对火蚁的行动则是一个典型例子，表明该行动完全建立在对防控需求的严重夸大之上，行动盲目开展，缺乏科学依据，既不了解消灭目标所需杀虫剂的剂量，也不了解杀虫剂对其他生物的影响。因此，这两项计划都未能实现其目标。

舞毒蛾原产于欧洲，在美国的历史已有将近 100 年。1869 年，法国科学家利奥波德·特鲁弗洛，在马萨诸塞州梅德福市的实验室中尝试让舞毒蛾与蚕蛾杂交，结果不小心让几只舞毒蛾飞出实验室。从此，舞毒蛾一点点地在整个新英格兰地区扩散开来。舞毒蛾能逐步扩散的主要媒介是风，在幼虫或毛虫阶段，舞毒蛾极其轻盈，能够被风带到高空并传播到很远的地方。另一种扩散途径是通过携带卵块的植物传播，而卵块是舞毒蛾在冬季的存活形式。舞毒蛾在幼虫阶段主要啃食橡树和其他阔叶树的树叶，每年春季仅持续数周时间。目前，舞毒蛾已遍布新英格兰各州。舞毒蛾还零星分布在新泽西州（1911 年通过从荷兰进口的云杉进入）和密歇根州（其进入途径尚不清楚）。1938 年的新英格兰飓风将其带入宾夕法尼亚州和纽约州，但阿迪朗达克山脉成了其向西扩散的屏障，因为该地区森林的树种对舞毒蛾没有吸引力。

通过多种方法，将舞毒蛾限制在美国东北角的任务取得了一定成效。自其抵达北美大陆近 100 年以来，人们担心它会入侵南方阿巴拉契亚大山脉广袤的阔叶林，但这种担忧尚未成真。农业部从国外引入了 13 种寄生虫和舞毒蛾的天敌，并成功在新英格兰地区建立了这些生物的种群。农业部也承认，这些引入的生物显著降低了舞毒蛾爆发的频率和破坏性。这种自然的控制，加上采取检疫措施和局部喷洒，农业部已取得了在 1955 年所宣称的“害虫的分布和带来的危害已经得到显著控制”的效果。

然而，仅仅在公众对现状表示满意一年后，农业部的植物害虫防控部门就启动了一项计划，宣布每年在数百万英亩的土地上全面喷洒杀虫剂，目标是彻底“根除”舞毒蛾。（“根除”是指在某一物种的整个分布范围内使其彻底灭绝。然而，随着一系列计划的失败，农业部不得不在同一区域提出对同一物种进行第二次或第三次“根除”。）

农业部对舞毒蛾发起了全面化学战，一开始时雄心勃勃。1956年，宾夕法尼亚、新泽西、密歇根和纽约4个州总计在近100万英亩的土地上喷洒了杀虫剂。喷洒地区的居民纷纷投诉，认为杀虫剂造成了许多危害。与此同时，随着大面积喷药成为常态，环保人士感到越来越不安。1957年，当计划对300万英亩土地喷洒杀虫剂的消息公布后，反对声变得更加强烈。然而，各州和联邦政府的农业官员一如既往地对个人投诉不以为意，认为这无关紧要。

1957年纳入舞毒蛾喷药计划的长岛地区，包含人口密集的城镇和郊区，以及与盐沼地接壤的沿海区域，其中，纳苏县是纽约州除纽约市以外人口最密集的地区。荒谬的是，实施该喷药计划的一个重要理由是“纽约大都市地区受到舞毒蛾传播的威胁”。事实上，舞毒蛾是一种森林昆虫，不会在城市栖居，也不会生活在草地、耕地、花园或沼泽中。尽管如此，1957年，美国农业部、纽约州农业部和市场部雇用的飞机还是无差别地将事先配置好的含有DDT的燃油到处喷洒。这些飞机喷洒了蔬菜地、奶牛场、鱼塘和盐沼地，还喷洒了郊区的宅基地，淋湿了一名家庭主妇，当时她正试图在轰鸣的飞机到来前遮盖自家花园。飞机甚至还把药物喷洒在玩耍的孩童和火车站的通勤者身上。在锡托基特，一匹赛马喝了喷洒过药物的田间水沟里的水，10小时后便死了。汽车车身上都是油性混合物的斑斑点点，花草树木被毁坏，鸟儿、鱼儿、螃蟹和有益的昆虫也被杀死了。

以世界著名鸟类学家罗伯特·库什曼·墨菲为代表的一群长岛居民，试图通过法院禁令阻止1957年的喷药行动。一开始，他们的初步请求被驳回，这些抗议的居民不得不忍受DDT的喷洒，但他们没有放弃，仍努力争取一张永久有效的禁令。然而，由于喷药行动已经完成，法院裁定禁令申请“无实际意义”。这个案子一路上诉至美国最高法院，但最高法院拒绝受理。大法官威廉·道格拉斯对拒绝受理的决定表示强烈反对，他认为：“许多专家和负责任的官员对 DDT 的危害发出的警告说明这个案子对公众来说有重要意义。”

尽管如此，长岛居民提起的诉讼至少成功引起了公众对杀虫剂大规模施用趋势的关注，也引发了对管理机构漠视私人财产不可侵犯权利的质疑。

在针对舞毒蛾喷药的过程中，牛奶和农产品受污染的意外情况令许多人措手不及。发生在纽约韦斯特切斯特县北部 200 英亩的沃勒农场上的事件尤其具有启示性。沃勒夫人明确向农业部门官员提出不要喷洒她的土地，因为喷洒森林时无法避开牧场。她提出先对土地进行检查，如有感染，可采取局部喷洒的方式消灭害虫。尽管沃勒夫人得到不会对农场进行喷洒的保证，但是她的土地还是遭到了两次直接喷洒，此外，还受到两次被风从别处吹过来的喷洒物的影响。48 小时后，从沃勒家纯种格恩西奶牛采集的牛奶样本中检测出 DDT，浓度为 14 ppm。放牧奶牛的田地里的牧草样本也同样受到污染。尽管县卫生部门已收到此事的报告，但没有给出任何指示要求停止销售这些牛奶。这成了消费者保护缺失的典型案例，不幸的是，这种情况普遍存在。虽然美国食品药品监督管理局规定牛奶中不得含有任何杀虫剂残留，但这些规定的执行力度不够，且仅适用于州际运输的奶制品。各州县的官员不需要强制遵照联邦政府关于杀虫剂残留限量的标准，除非当地法律的要求与联邦政府的要求恰好一致，但这种情况很少发生。

菜农也受到了影响。一些叶类蔬菜的叶子被杀虫剂灼伤，出现斑点，不适宜出售；另一些蔬菜上则残留了大量杀虫剂，例如，康奈尔大学农业实验站分析的一份豌豆样本显示，其 DDT 残留浓度为 14 ～ 20 ppm，而法定最高浓度仅为 7 ppm。菜农不得不面临一个难题：要么承受巨大损失，要么非法出售杀虫剂残留超标的蔬菜。其中一些菜农收集了损失情况，并寻求法律途径解决。

随着空中喷洒 DDT 次数的增加，法院受理的诉讼案件数量也有所增加。纽约州几个地区的养蜂人也提起了诉讼。早在 1957 年大规模喷药行动开展之前，养蜂人就因果园中使用 DDT 而遭受了严重损失。“1953 年以前，我都把美国农业部和农学院说的一切奉为真理。”其中一名养蜂人痛苦地说。但在 1953 年 5 月，因为该州大面积喷洒了杀虫剂，这名养蜂人失去了 800 个蜂群。因喷洒杀虫剂带来的损失如此普遍和严重，以至于他与另外 14 名养蜂人联合起诉州政府，索赔 25 万美元的损失。在 1957 年的喷洒行动中，另一名养蜂人的 400 个蜂群被波及而受到重创。他说，在森林地区，外出采集花蜜和花粉的工蜂全部被杀死，而在喷药较少的农业区，死亡率高达 50%。他写道：“5 月走进蜂场，却听不到蜜蜂的嗡嗡声，这真是一件令人十分沮丧的事。”

舞毒蛾的防控项目中有许多不负责任的行为。由于雇用喷药飞机的费用是按喷洒的药液总量而不是按土地面积来计算，因此飞行员在喷洒时完全不考虑要节约用药，许多土地喷洒了不止一次，而是多次重复喷洒。在飞机喷洒合同签订中至少有一例，是与一家外州公司签订，该公司在本州没有注册地址，更未遵守执飞公司应向本州政府机构登记以明确法律责任的要求。在这种责任模糊的情况下，那些因苹果园或蜜蜂受损而直接遭受经济损失的市民发现他们根本不知道可以起诉谁。

经过 1957 年灾难性的喷药行动后，该计划突然大幅收缩，并发布了一些模糊不清的声明，称要“评估”之前的工作、测试替代杀虫剂。1957 年喷洒杀虫剂的土地面积为 350 万英亩，到了 1958 年则降至 50 万英亩，在 1959 年、1960 年和 1961 年进一步减少至约 10 万英亩。在此期间，防控机构一定已经知道从长岛传来的令人不安的消息：舞毒蛾的数量在当地再次激增。这一耗资巨大的喷药行动本应彻底消灭舞毒蛾，实际上却没有取得任何效果，反而让农业部在公众信任和支持上付出了沉重代价。

与此同时，农业部的植物害虫防控部门不得不暂时忽略舞毒蛾，因为他们正忙于在南方启动一项更为雄心勃勃的计划。“根除”这个词依然频繁出现在农业部的油印机里，这一次，新闻稿宣称要根除火蚁。

火蚁，因被其螫刺后会而产生剧烈的灼烧感而得名。据推测，火蚁在第一次世界大战结束后不久，经由亚拉巴马州的莫比尔港从南美进入美国。到 1928 年，火蚁已扩散到莫比尔的郊区，随后继续入侵，目前已扩散至美国南部的大部分州。

在进入美国后的 40 多年里，大多数时候火蚁似乎并未引起人们的特别关注。只有火蚁数量最多的几个州认为火蚁是一种麻烦，因为它筑起的大型蚁巢常常高达一英尺，甚至更高，这么高的蚁巢会妨碍农业机械操作。只有两个州将火蚁列为最主要的 20 种害虫之一，而且它们都只排在害虫名单的末尾。总体来说，官方或私人机构似乎都没有将火蚁视为农作物或牲畜的威胁因素。

随着具有广泛杀伤力的化学制剂的发展，官方对火蚁的态度突然发生了转变。1957 年，美国农业部发起了其历史上最引人注目的一次宣传活动，火蚁突然成为政府新闻稿、宣传影片和政府推动的新闻故事的攻击目标，这些宣传将火蚁描述为南方农业的破坏者，以及鸟类、牲畜和人类的杀手。农业部宣布将进行一项大规模的行动——联邦政府与受影响的南部 9 个州合作，对约 2000 万英亩的土地进行火蚁防控。

1958 年，在火蚁防控项目开始时，一家贸易期刊欢快地报道称：“随着美国农业部日益增多的大规模害虫根除计划，本国的杀虫剂生产商似乎发现了一个巨大的商机。”

从未有过任何一个杀虫计划像这个项目一样几乎受到所有人——这场“销售盛宴”的受益者除外——理所应当地、彻彻底底地谴责。这个计划构思拙劣、执行不当、危害深重，是一个大规模昆虫防控试验失败的典型案例。这个试验付出了巨额经济成本，毁灭了无数动物，同时也毁掉了公众对农业部的信任，代价是如此之大，以至于人们无法理解为什么仍然会有资金投入。

国会对该项目的支持最初是因为一些陈述，尽管后来这些陈述被证明并不足信。那些陈述说，火蚁会对南方农业造成严重的威胁，还会攻击在地面筑巢鸟类的幼鸟从而威胁野生动物，还说火蚁的螫刺对人类的健康也构成了严重危害。

那么，这些说法是否属实呢？农业部相关人员在争取拨款时所作的陈述与农业部关键出版物中的内容并不一致。1957 年的农业部公告《杀虫剂推荐：针对防控危害作物和牲畜的昆虫》中甚至没有提到火蚁。如果农业部相信自己的宣传，那么这是一个极为反常的遗漏。此外，农业部 1952 年出版的一本专门讨论昆虫的百科全书，全书 50 万字中仅有一个简短的段落提到了火蚁。

与农业部声称火蚁破坏农作物并攻击牲畜这种无凭无据的说法相反，亚拉巴马州是与这种昆虫接触最密切的州之一，该州的农业实验站对其进行了详细研究。根据亚拉巴马州科学家的研究，“总体来说，植物受到火蚁破坏的情况很少见”。阿拉巴马理工学院的昆虫学家阿兰特博士，1961 年曾担任美国昆虫学会会长，他表示，他的部门“在过去五年里没有收到任何关于火蚁破坏植物的报告……也没有观察到火蚁对牲畜造成的任何破坏”。这些科学家在田间和实验室实际观察火蚁的情况后指出，火蚁主要以多种昆虫为食，而且其中很多被认为是对人类有害的昆虫；曾有观察记录表明，火蚁在棉花植株上清除象鼻虫的幼虫；此外，火蚁筑巢的活动有助于土壤疏松和排水。亚拉巴马州的研究结果得到了密西西比州立大学调查结果的进一步证实，比农业部的证据更加令人信服。农业部的所谓证据似乎要么基于与农民的对话（农民很可能将一种蚂蚁误认为另一种），要么基于陈旧的研究。一些昆虫学家认为，随着数量的增加，火蚁的饮食习惯可能已经发生了变化，因此几十年前的观察记录在如今价值不大。

关于火蚁对人类健康和生命构成威胁的说法，也需要进行一定的修正。农业部曾资助制作了一部宣传电影（以获得民众对防治项目的支持），电影里围绕火蚁的螯刺构建了一些恐怖场景。诚然，火蚁的螯刺会让人疼痛，因此建议尽量避免接触，就像人们一般也会避免被黄蜂或蜜蜂蜇伤一样。个别敏感体质可能偶尔会出现严重反应，医学文献中记录了一例死亡案例，很可能（但并未被明确证明）是火蚁毒液致死的案例。相比之下，美国国家生命统计办公室记录显示，仅1959年一年就有33人因被蜜蜂和黄蜂蜇伤而死亡，然而，并没有人提出要“根除”这些昆虫。当地的证据更具说服力。尽管火蚁在亚拉巴马州已有40年历史，且在该州的分布最为密集，但亚拉巴马州卫生官员却声称：“亚拉巴马州从未记录过因外来火蚁螯刺导致人类死亡的病例。”他认为，因火蚁螯刺引发的医疗病例只是“偶发事件”。火蚁在草坪或游乐场上堆起的蚁丘可能会导致儿童被螯，但这不足以成为用毒药喷洒数百万英亩土地的理由。这些情况完全可以通过对蚁丘进行针对性的处理来轻松解决。

有关火蚁会危害适宜狩猎鸟类的指控同样缺乏证据支持。毫无疑问，最有资格在这一问题上发言的是亚拉巴马州奥本野生动物研究所的负责人莫里斯·贝克博士，他在该地区有多年的研究经验。然而，贝克博士的观点与农业部的说法完全相反。他指出：“在亚拉巴马州南部和佛罗里达州西北部，尽管外来火蚁种群密集，但我们仍然拥有出色的狩猎条件和丰富的美洲鹑种群……火蚁在亚拉巴马州南部已存在40年，适宜狩猎的野生动物种群呈现出持续而显著的增长趋势。显然，如果外来火蚁对野生动物构成严重威胁，那么这种情况是不可能存在的。”

为了根除火蚁而使用杀虫剂会对野生动物造成什么样的影响则是另一个问题。针对火蚁使用的化学物质是狄氏剂和七氯，相对其他化学制剂而言，这两种化学制剂问世时间不久，它们在田间使用的经验很少，没有人知道在大规模施用时，它们对野鸟、鱼类或哺乳动物的影响会是什么。但是，人们知道这两种化学制剂的毒性比 DDT 高出许多倍。DDT 当时已投入使用约 10 年，即使以每英亩 1 磅的施用量，也已导致一些鸟类和大量鱼类死亡。而狄氏剂和七氯在大多数情况下每英亩施用 2 磅，如果还需要同时控制白缘象甲，则每英亩要用上 3 磅。从对鸟类的影响来看，目前七氯的规定用量相当于每英亩施用了 20 磅的 DDT，而狄氏剂的规定用量则相当于每英亩施用了 120 磅的 DDT！

许多州的自然保护部门、国家自然保护机构、生态学家，甚至一些昆虫学家都提出了紧急抗议，向当时的农业部部长埃兹拉·本森呼吁推迟项目实施，至少先开展一些研究以确定七氯和狄氏剂对野生动物和家养动物的影响，并找到控制火蚁的最低用量。然而，这些抗议被无视了，该计划于 1958 年正式启动，第一年便对 100 万英亩土地喷洒了杀虫剂。显然，任何研究的性质都由事前调研变成了事后分析。

随着计划的推进，来自各州和联邦的野生动物机构以及几所大学的生物学家研究累积了大量的事实数据。这些研究显示，在某些施用了杀虫剂的区域，野生动物甚至全部灭绝，家禽、牲畜和宠物也未能幸免于难。农业部对这些损害的证据不以为然，称其“夸大其词，具有误导性”。

然而，事实证据仍在不断累积。例如，在得克萨斯州的哈丁县，负鼠、犰狳以及大量的浣熊在喷洒杀虫剂后几乎完全消失。即使在喷洒后的第二个秋天，这些动物仍然很稀少。当时在该地区发现的少数浣熊体内含有化学物质的残留。

在喷洒过药物的区域内发现了死鸟，对死鸟组织的化学分析清楚地表明，这些鸟吸收或吞食了用于对抗火蚁的杀虫剂。(唯一存活数量较多的鸟类是家麻雀，这种鸟在其他地区也表现出对这些杀虫剂可能有一定的免疫力。) 亚拉巴马州 1959 年喷洒过杀虫剂的一大片土地上，有一半的鸟类死去。栖息在地面或低矮植被中的鸟类的死亡率达到了 100%。即使在喷洒一年后，春天仍发生了鸣禽逐渐灭绝的事件，许多适宜筑巢的区域变得寂静无声，再也没有鸟儿栖息。在得克萨斯州，人们在鸟巢附近发现了死去的燕八哥、美洲雀和草地鹨，许多鸟巢已无鸟居住。来自得克萨斯州、路易斯安那州、亚拉巴马州、佐治亚州和佛罗里达州的死鸟标本被送往鱼类及野生动植物管理局进行分析，结果发现超过 90% 的标本含有狄氏剂或某种形式的七氯残留物，浓度高达 38 ppm。

在路易斯安那州过冬但在北方繁衍的丘鹬，现在发现其体内也有火蚁杀虫剂残留的痕迹。残留的来源显而易见：丘鹬主要以蚯蚓为食，它们用细长的喙在土里探寻蚯蚓。在路易斯安那州喷洒过杀虫剂的区域内，幸存的蚯蚓在 6 ～ 10 个月后，其体内仍含有浓度高达 20 ppm 的七氯残留。一年后，这些蚯蚓体内的七氯浓度仍高达 10 ppm。对丘鹬来说，虽然这样的含量尚不致命，但幼鸟与成鸟比例已呈现显著下降的趋势。这一变化最早是在进行火蚁防控的当季观察到的。

对于南方的猎人来说，最令人不安的一些消息是关于美洲鹑的。这种在地面筑巢、觅食的鸟类，在喷洒过杀虫剂的区域几乎完全消失。例如，亚拉巴马州合作野生动物研究小组的生物学家对该州 3600 英亩区域的一个鹌鹑种群进行了初步普查，该区域计划喷洒杀虫剂。在这片区域上，共有 13 群鹌鹑居住，总数为 121 只。喷洒杀虫剂两周后，能见到的只有死鹌鹑。送往鱼类及野生动植物管理局进行分析的所有样本都含有足以致死剂量的杀虫剂残留。亚拉巴马州的发现在得克萨斯州也得到了验证，在一片 2500 英亩的区域喷洒七氯后，所有的鹌鹑都死了。随着鹌鹑一起消失的还有 90% 的鸣禽。分析再次表明，这些死鸟体内含有七氯的残留。

除了鹌鹑，野生火鸡在火蚁防控项目中也遭受了严重的毁灭。在喷洒七氯之前，亚拉巴马州威尔科克斯县的一片区域上曾记录有 80 只火鸡，但在喷洒后的那个夏天，已找不到任何活着的火鸡，仅存一窝未孵化的蛋和一只死去的幼鸟。野生火鸡可能遭遇了与其家养同类相同的命运，因为在喷药区域的农场里，也很少孵化出火鸡幼鸟。几乎没有蛋能孵化出幼鸟，就算有，幼鸟的存活率也极低。而附近未喷洒杀虫剂的区域就没有这种情况。

火鸡的命运并非唯一的案例。美国最受尊敬的著名野生生物学家克拉伦斯·科塔姆博士拜访了一些农民，他们的土地都被喷洒过杀虫剂。除了提到树上的所有小鸟似乎在喷洒之后消失了，大多数人还提到了牲畜、家禽和宠物的死亡。科塔姆博士说，一名农夫“对防控工作人员十分愤怒，因为他说他亲自埋葬、处理了 19 头被毒药杀死的牛的尸体，还有另外三四头牛也是因喷洒的杀虫剂而死亡，一些自出生起只喝奶的小牛犊也死了”。

科塔姆博士的采访对象对喷洒杀虫剂之后几个月内他们的土地上发生的事情感到困惑。一名农妇告诉他，周围土地被喷洒过杀虫剂后，她的母鸡孵了几窝蛋，但她搞不清楚“为什么孵化出来的小鸡很少，能存活下来的更少”。另一个养猪的农民，在大面积喷洒杀虫剂之后的 9 个月内，他都没有小猪崽可喂养。小猪崽要么出生时就已经死了，要么出生后很快死亡。还有一个农民也反映了类似的情况，他说，他的 37 窝小猪可能有多达 250 只幼崽，但只有 31 只存活下来。他还表示，由于土地被污染，他也养不了鸡了。

尽管如此，美国农业部始终否认牲畜的死亡与火蚁防控项目之间存在关联。然而，佐治亚州班布里奇的一名兽医奥蒂斯·波特温曾多次为受影响的动物治疗，他总结了为什么他认为这些动物的死亡与杀虫剂有关，理由如下：在喷洒了针对火蚁的杀虫剂后的两周到几个月内，牛、山羊、马、鸡、鸟类及其他野生动物开始患上一种通常会致命的神经系统疾病，只有那些接触到受污染食物或水的动物会受到影响，圈养的动物则未受影响。这种情况仅出现在火蚁防治区域，实验室疾病检测结果为阴性。波特温医生和其他兽医观察到的症状与权威文献中描述的狄氏剂或七氯中毒的症状一致。

波特温医生还说了一个有意义的病例：一头两个月大的小牛表

现出了七氯中毒的症状。这头小牛接受了详尽的实验室检测，唯一显著的发现是其脂肪中含有浓度为 79 ppm 的七氯。而这时，距离喷洒杀虫剂已经过去了 5 个月。这头小牛是直接通过吃草摄入的，还是间接通过母乳摄入，甚至是在出生前就受到了毒害？波特温医生提出疑问："如果是通过牛乳摄入毒素，那么为什么没有采取特别的措施来保护喝本地奶制品的孩子们？"

波特温医生的报告提出了一个关于奶制品污染的重要问题。火蚁防控项目所覆盖的主要地区是牧场和农田。那么，在这些土地上放牧的奶牛呢？在喷洒过杀虫剂的地里，草必然会携带某种形式的七氯残留物，而如果奶牛吃下这些草，毒素就会出现在牛奶中。七氯的毒素通过这种方式直接进入牛奶的现象早在 1955 年就已通过实验得到验证，那时火蚁防控项目还没开始。后来，狄氏剂，另一种在火蚁防控项目中使用的杀虫剂，也被证实有类似作用。

美国农业部的年度出版物现在已将七氯和狄氏剂纳入会使牧草不再适宜喂养奶牛或待宰牲畜的化学品清单。然而，农业部的防控部门却仍在南方的牧场大范围施用七氯和狄氏剂。那么，谁来确保牛奶中没有狄氏剂或七氯的残留，以保护消费者呢？美国农业部肯定会说，他们已建议农民在喷洒杀虫剂后 30 ～ 90 天内不要让奶牛进入牧场。然而，许多农场规模较小，而这个项目规模又很大（大部分杀虫剂是通过飞机喷洒的），这一建议是否被遵守或是否能够被遵守，极其令人怀疑。此外，鉴于这些残留物的持久性，建议的等待期也是远远不够的。

尽管食品和药品监督管理局强烈反对牛奶中出现任何杀虫剂残留物，但在这种情况下，其监管权力极为有限。在参与火蚁防控项目的大多数州，乳制品行业规模较小，产品通常不会跨州流通。因此，如何保证牛奶供应安全不受联邦政府项目带来的影响，这个问题就落到了各州自己身上。1959 年，对亚拉巴马州、路易斯安那州和得克萨斯州卫生官员或其他相关官员的调查显示，这些州并未进行相关检测，甚至不知道牛奶是否受到了杀虫剂的污染。

在此期间——在火蚁防控项目启动之后，而非启动之前——有人开始研究七氯的特殊性质。或许更准确地说，是有人翻阅了已有的文献，因为本可以促使联邦政府推迟防治行动的事实证据早在几年前就已被发现，本应对项目的最初处理方式产生影响。这个事实就是，七氯在动物或植物组织中或土壤中存在一段时间后，会转化成一种毒性更强的物质——环氧七氯。这种环氧化物一般是通过风化作用产生的氧化物。1952 年，人们就已经发现了七氯会发生这种转化，当时食品和药品监督管理局发现，雌鼠在摄入浓度为 30 ppm 的七氯后，仅过了两周，其体内就储存了更具毒性的环氧化物，浓度为 165 ppm。

这些事实直到 1959 年才在生物学文献中被隐晦地提及，当时食品和药品监督管理局采取了行动，禁止食品中出现任何七氯或其环氧化物残留。这一规定至少暂时抑制了火蚁防控项目的发展。尽管农业部继续争取年度火蚁治理拨款，但地方农业推广员越来越不愿建议农民使用化学制剂杀虫，因为这些制剂可能导致农产品无法合法上市销售。

简而言之，农业部在启动该项目时，甚至没有对将要使用的化学制剂进行基本的调查，或者虽然进行了调查，但无视调查结果。农业部显然也未进行初步研究以确定完成目标所需的最低化学制剂用量。经过三年大量使用后，1959 年农业部突然将七氯的施用量从每英亩 2 磅减少到 1.25 磅；后来进一步降低到每英亩 0.5 磅，而且分两次施用，每次 0.25 磅，喷洒间隔为 3 ～ 6 个月。农业部的一名官员解释说，“一项积极的改进方案”表明较低的施用量也同样有效。如果在项目启动前就了解了这些信息，本可以避免大量的伤亡，纳税人也可以节省大量金钱。

1959 年，或许是为了抵消公众对该项目日益增长的不满，农业部向愿意签署一份免责协议的得克萨斯州土地所有者免费提供化学制剂，协议申明因使用化学制剂产生的任何损害，联邦政府、州政府和地方政府概不负责。同年，亚拉巴马州因对化学制剂造成的损害感到震惊和愤怒，拒绝继续为该项目拨款。该州一名政府官员这样形容整个项目："决策欠妥、仓促上马、计划不周，是粗暴践踏其他公共和私人机构职责的典型例子。"尽管缺乏州政府的资金支持，但联邦政府的资金仍不断流入亚拉巴马州。到 1961 年，该州政府再次被说服拨出一小笔款项。与此同时，路易斯安那州的农民参与该项目的意愿日益下降，因为事实表明，针对火蚁而喷洒的杀虫剂，却使甘蔗害虫数量激增。该项目显然毫无成效。1962 年春，路易斯安那州立大学农业实验站昆虫学研究主任纽瑟姆博士简明扼要地指出了该项目令人沮丧的现状："迄今为止，由州政府和联邦机构实施的外来火蚁'根除'项目彻底失败。现在路易斯安那州遭受虫害的土地面积比项目开始前的还要多。"

一种更理性、更保守的方法似乎正在兴起。佛罗里达州报告称，"现在佛罗里达的火蚁数量比项目启动前的还要多"，并宣布放弃大规模根除计划，改为局部控制。

有效且成本低廉的局部控制方法多年来一直为人所知。火蚁筑巢的习性让对单个蚁丘进行化学处理变得简单易行。这种处理的成本约为每英亩 1 美元。密西西比的农业实验站研发了一种设备，如果蚁丘数量众多、需要机械化的方法，那么可以用这种设备先平整蚁丘，然后直接将化学制剂施用到蚁丘上。这种方法能达到 90% ～ 95% 的控制效果，成本仅为每英亩 0.23 美元。相比之下，农业部的大规模防控项目成本约为每英亩 3.50 美元，是所有方法中成本最高、破坏性最大且效果最差的一种。

第十一章
逃离波吉亚家族的噩梦

在我们所生活的世界，污染不仅仅是大规模喷洒化学制剂造成的。对于大多数人来说，日复一日、年复一年、数不清的小剂量接触化学制剂要比大规模喷洒的影响更大。就像水滴石穿一样，只要持续不断地与危险化学物质接触，最终可能会产生灾难性的后果。与化学物质的反复接触，无论每一次的量多么微小，都会让化学物质在我们体内逐渐累积，最终导致中毒。除非生活在极度偏僻的地方，否则几乎没有人能避免这种范围日益扩大的污染。普通人往往被温和的推销策略和不易察觉的诱导所迷惑，鲜少有人能意识到自己正处在一个全是有毒物质的环境中，事实上，他们甚至可能没有意识到自己正在使用这些有毒物质。

如今，我们已经步入了一个有毒物质泛滥的时代，任何人随便走进一家商店，都可以轻易买到一些致命程度甚至超过某些医学药品的化学物质；而如果他去隔壁药店买那些药品，可能还会被要求在“剧毒物购买登记簿”上签字，以证明自己了解所购药品的潜在风险。随便在一家超市做几分钟的调查，其结果就足以让那些最大胆的顾客感到惊讶，前提是他们对自己所选的化学制剂至少要有基本的了解。

如果在杀虫剂专区上方悬挂一个巨大的骷髅和交叉骨头的有毒物标识，顾客至少会抱着对待致命物质的敬畏态度进入这个区域。然而，这个区域商品的陈设总是温馨又愉快，过道对面的货架上摆着泡菜和橄榄，紧挨着的货架上摆满沐浴液和洗衣皂，成排的杀虫剂置身其中。这些杀虫剂就用玻璃器皿装着，放在儿童触手可及的地方，一旦孩子或粗心的大人把装着杀虫剂的玻璃器皿打翻，这些杀虫剂就可能溅到周围的人身上，而这些化学物质可是会引起喷洒人员中毒抽搐的。危险不仅存在于超市里，一旦这些产品被带回家中，其潜在的危险也尾随而至。例如，一罐含有 DDD 的防蛀材料上，印着字号极小的警告内容，称其内含物质为高压填充，遇高温或明火可能会发生爆炸。氯丹是家庭中常见的杀虫剂之一，广泛应用于厨房等多个场景。然而，食品药品监督管理局的首席药理学家曾警告，居住在喷洒过氯丹的房屋内，其潜在的危害“非常大”。除此之外，一些家用产品甚至含有更为致命的狄氏剂。

在厨房里，有毒物质的使用变得异常方便且颇具诱惑力。厨房货架上的纸张，不管颜色鲜艳与否，都有可能双面浸透了杀虫剂。生产商还提供了自助手册，来指导我们如何消灭害虫。只需轻轻一按，就能将狄氏剂气雾剂喷到橱柜、角落和踢脚板那些最难触及的缝隙和角落。

当我们遇到蚊子、螨虫或其他害虫的困扰时，市面上提供了数不清的乳液、霜剂和喷雾供我们涂抹或喷洒在衣物上、皮肤上以驱赶蚊虫。尽管这些产品的说明书中通常会警告说产品里含有的化学物质可能会溶解清漆、油漆和合成纤维，但我们却往往错误地认为这些化学物质对人类皮肤是安全的，从而忽略了其可能对人体健康带来的潜在风险。为了让我们能够随时驱赶昆虫，位于纽约的一家专卖店推广着一种小巧的杀虫剂喷雾器，只有口袋大小，既可以放在钱包里，也可以放在随身包里带去海滩、高尔夫球场或者钓鱼场所。

我们可以在地板上涂抹一种特殊的蜡，这种蜡能够杀死任何在其上爬行的昆虫。我们还可以把浸有化学物质林丹的布条悬挂在衣柜和衣物袋里，或者将其放置在抽屉里，这样能保证半年内不会有虫害的

侵扰。在这些推广宣传中，并没有任何关于林丹可能带来的危险的提示。同样，那些宣传能释放林丹雾气的电子设备的广告也未提及任何潜在的风险，而是说这种设备既安全又无味。然而事实上，美国医学协会认为林丹蒸汽雾化器非常危险，因此该协会长期在其期刊上对该产品进行抵制。

农业部在《家庭与园艺报》中建议我们使用 DDT、狄氏剂、氯丹或其他几种油溶性的杀虫剂来喷洒衣物，还指出如果喷洒过量导致衣物上出现一层白色的沉积颗粒，可以用刷子轻松去除，但并未提醒人们注意，应该在何处以何种安全方式进行刷洗。所有以上事实叠加在一起就导致了一个后果：我们每天都与杀虫剂相伴，甚至连晚上睡觉时用的防虫毯子都是被狄氏剂浸染过的。

园艺活动如今更是离不开强毒性的杀虫剂。在五金店、园艺用品店和大型超市中，针对各种园艺需求的杀虫剂琳琅满目。那些还未充分利用这些强力杀虫喷雾和粉剂的人，似乎被认为对其园艺工作不负责任，因为几乎所有报纸的园艺版块和绝大多数园艺杂志都认为使用化学杀虫剂是再平常不过的事了。

能快速致死的有机磷酸酯杀虫剂已被广泛用于草坪和观赏植物，以至于在 1960 年，佛罗里达州卫生委员会认为有必要出台规定，禁止任何不符合特定要求的人未经许可在住宅区出于商业用途使用杀虫剂。在这项规定实施之前，该州已经发生了多起对硫磷中毒导致的死亡事件。

然而，很少有措施提醒园丁或房主，他们接触的是极其危险的物质。相反，不断涌现的新装备使得在草坪和花园中施用有毒物质变得更加轻易，相应地，园丁与这些有毒物质的接触机会也增多了。例如，人们可以买到一个罐状装置，该装置可以加装在花园的水管上，通过这个装置，一些极其危险的化学杀虫剂，如氯丹、狄氏剂等，在浇水时就随着水流喷洒到草地上。这样的装置不仅对使用水管的人来说很危险，对公众也造成了威胁。《纽约时报》在其园艺版块发布了警告，指出如果没有安装特殊的保护装置，有毒物质可能会通过反虹吸作用进入供水系统，造成水资源污染。鉴于许多此类装置正在被使用，而像这样的警告又少之又少，我们完全不用疑惑为什么我们的公共水源受到了污染。

我们可以看看一名医生的例子，这个例子说明了园丁可能会遇到的情况。这名医生热衷于在业余时间做园艺，他在他的灌木丛和草坪上使用 DDT 和马拉硫磷，并且每周定期施用。有时他用手持喷雾器施用这些化学物质，有时则通过连接到水管的附加装置施用。在喷洒过程中，他的皮肤和衣服常常被喷雾浸湿。大约经过一年这样的操作后，有一天他突然病倒，被送进医院。他的脂肪活检样本显示，他体内 DDT 的累积浓度达到了 23 ppm，他的大部分神经已经受到了损伤，而这种损伤是永久性的。随着时间的推移，这名热爱园艺的医生体重减轻，感到极度疲劳，并出现了肌肉无力的症状，这种肌肉无力是马拉硫磷中毒造成的特有症状。这些持续的症状严重影响了这名医生，甚至使他难以工作。

除了曾经可以无害浇水的花园水管，割草机也配备了杀虫剂喷洒装置，这些装置会在房主修剪草坪时释放出有毒的雾气。因此，在割草机排放的燃油废气带来的危险烟雾里，还混入了郊区居民在毫不知情的情况下喷洒的杀虫剂的细小颗粒，使得当地的空气污染水平比许多城市的污染都严重。

很少有人提及在园艺工作中使用化学农药或在家里使用杀虫剂的潜在危害。产品标签上的警告文字通常使用小号字体，也不显眼，这就导致很多人不愿意去阅读或遵循这些警告。一家工业公司最近开展了一项调查，试图了解多少人会注意这些警告文字。调查结果显示，在使用杀虫气雾剂和喷雾剂的消费者中，仅约 15% 的人会留意到容器上的警告内容。

如今，郊区居民习惯了不惜一切代价也要彻底清除马唐草。这种专用于清除草坪上像马唐草这类杂草的化学除草剂，其包装袋几乎已经成了社会地位的象征。这些化学除草剂以各种品牌名称出售，但单从品牌名称看，无法得知其本质上是什么物质。要想知道它们含有氯丹还是狄氏剂，必须仔细阅读袋子上最不显眼部分的小号字体。在任何五金店或园艺用品店随处可见的这类化学制剂，其说明中很少会有关于如何处理这类药品以及使用后会造成的危害的内容。相反，这类说明中典型的插图是一个幸福的家庭场景：父亲和儿子微笑着准备向草坪喷药，而更小一点的孩子则和一只小狗在草地上打滚。

关于食物中的化学残留问题一直备受争议。生产商对这些残留要么轻描淡写，视为无关紧要，要么直接否认其存在。同时，那些呼吁食物中不能含杀虫剂这类有毒物质的人，往往被贴上狂热分子或者盲从者的标签。那么在这场争议中，事实究竟如何呢?

医学研究已经清楚表明，如我们常识所了解的一样，那些在DDT广泛使用之前（大约是1942年之前）去世的人，体内并没有DDT或其他类似有毒物质的残留。正如第三章提到的，1954年至1956年间，从普通人群收集的体脂样本中的DDT浓度平均为5.3～7.4 ppm。有证据表明，自那以后，平均水平一直持续上升，而那些因职业或其他特殊原因接触过杀虫剂的人体内DDT的累积量更高。

在那些没有接触过大剂量杀虫剂的普通人中，其体内脂肪中的大部分DDT很可能是通过食物摄入的。为了验证这一假设，美国公共卫生服务管理局的一支科学团队对餐馆和相关机构提供的餐食样本进行了检测。结果发现，每一份受检样本中都含有DDT。基于这一发现，研究人员合理地做出推断："几乎没有食物——即使有，也是少之又少的——是完全不含DDT的。"

这些餐食中的DDT含量可能高得惊人。在一项独立的公共卫生服务研究中，对监狱餐食的检测发现：炖干果中的DDT含量高达69.6 ppm，而面包中的DDT含量更是达到了100.9 ppm！

在一般家庭的日常饮食中，氯化烃残留物往往在肉类及动物脂肪衍生产品中的含量最高，这是因为这些化学物质可溶于脂肪。相比之下，水果和蔬菜上的化学残留则较少。然而，简单的清洗并不会减少这些化学残留通过，就连烹饪也不能消灭，唯一的解决办法是丢弃像生菜或卷心菜这类蔬菜的所有外层叶子、削去水果的皮，不食用任何果皮或食物的外层。

牛奶是食品药品监督管理局规定的不允许含有杀虫剂残留的少数几种食品之一。然而实际上，每次对牛奶进行检查时，总会发现化学残留。在黄油和其他加工乳制品中，残留物最为严重。1960 年，在对 461 个奶制品样本进行检测时显示，三分之一的样本含有化学残留，食品药品监督管理局称这种情况“令人沮丧”。

要找到一种完全不含 DDT 及相关化学物质的食物，似乎必须去到一个偏远而原始、缺乏现代便利设施的地方。这样的土地似乎是存在的，至少在阿拉斯加遥远的北极海岸是存在的。然而即使在那里，人们也可能看到杀虫剂带来的影响。当科学家研究这一地区因纽特人的天然饮食时，发现尚未受到杀虫剂的影响。鲜鱼和鱼干，海狸、白鲸、驯鹿、驼鹿、生髯海豹、北极熊和海象的脂肪、油或肉，蔓越莓、大树莓和野生大黄都还没有受到污染。只有一个例外，来自波因特霍普的两只白猫头鹰，体内携带少量 DDT，这可能是它们在迁徙过程中获得的。

一些因纽特人的脂肪样本分析表明，他们体内仅有微量的 DDT 残留（0 ～ 1.9 ppm），原因显而易见。这些脂肪样本来自那些离开他们的原住村落前往安克雷奇的美国公共卫生服务医院做手术的人。在那里，文明的生活方式占主导地位，而这家医院的餐食中的 DDT 含量，与人口最多的城市的含量一样多。因纽特人只是在现代文明世界中短暂地逗留，便受到了有毒物质的污染。

由于农作物普遍施用了杀虫喷雾或粉剂，造成不可避免的后果就是我们所吃的每种食物中都含有氯化烃。如果农民严格遵循标签上的指示，那么其所使用的化学杀虫剂将不会产生超过食品药品监督管理局允许的残留量。如果暂时不考虑这些合法残留物是否真的像宣传的那样“安全”，还有一个众所周知的问题，就是人们并不会仔细阅读杀虫剂的使用说明，这就导致农民经常使用超过规定剂量的杀虫剂，或者在快收割时才使用杀虫剂，或者在本可以只使用一种杀虫剂时使用了多种等问题。

即便是化学领域，也意识到了杀虫剂频繁误用的问题，以及对农民进行培训的必要性。一份领先的化学行业期刊最近宣称：“许多农户似乎并不明白，如果他们使用多于推荐剂量的杀虫剂，最终收获的作物可能会含有超出法定许可的残留量。此外，在多种作物上滥用杀虫剂也可能是农民随意做出的决定。”

食品药品监督管理局的档案中记录了大量的滥用杀虫剂的行为，这让人感到不安。有一些例子体现了人们对杀虫剂使用说明的漠视态度：一个种生菜的农民在生菜收割前不久，使用了多达 8 种不同的杀虫剂；一个运输商在芹菜上使用了毒性极强的对硫磷，其用量是说明书上推荐的最大剂量的 5 倍；一些菜农在生菜上使用了异狄氏剂（所有氯化烃中最毒的一种），尽管蔬菜上是不允许有该物质残留的；有的菠菜在收获前一周被喷洒了 DDT。

此外，还有杀虫剂偶然污染或意外污染食物的案例。有大量装在麻袋中的绿色咖啡在运输过程中受到了污染，这是因为运输车辆同时还装载了杀虫剂。存放在仓库中的包装食品可能经过多次 DDT、林丹和其他杀虫剂的气雾处理，这些杀虫剂可能会穿透包装材料，进入食品中。食品在仓库中储藏的时间越长，受到污染的风险就越大。

有人会提出疑问：“政府部门不是应该保护我们免受这些危害吗？”答案是：能，但有限。食品药品监督管理局在保护消费者免受杀虫剂侵害方面所能采取的措施有限，原因如下：第一，食品药品监督管理局仅对跨州进行商业运输的食品有管辖权，在本州内种植和销售的食品，无论其生产与运输是否违规，都不在其职权范围内；第二，也是至关重要的制约性因素，食品药品监督管理局的检查员的数量极少，只有不到600人。根据该局一名官员的说法，仅凭现有的资源，只能检查跨州进行商业运输的农产品中极小的一部分，比例还不到1%，远远达不到统计意义。至于在本州内生产和销售的食品，情况则更糟，因为大多数州在这方面都缺少相关的法律。

食品药品监督管理局规定的最大容许污染限度（即“容染度”），是有明显缺陷的。在现有的杀虫剂使用规模下，其所能提供的安全保障不仅是一纸空文，还给人们留下了一种完全错误的印象——已经设立了安全限制，且得到了遵守。关于允许在我们的食材上喷洒杀虫剂的安全性问题，许多人的理由极具说服力，他们认为，没有什么杀虫剂是安全到可以直接洒到食材上的，也没人愿意往食物上洒。在设定容染度值时，食品药品监督管理局在实验室对动物进行了毒性测试，然后设定了最大容染度，这个剂量比在测试动物身上引起症状的所需量要小得多。这个本应确保安全的毒性测试忽略了几个重要的事实，即生活在高度控制和人为创造环境下的实验动物，自身消化了一定剂量的化学杀虫剂，与人类接触杀虫剂的情况有很大不同；人类会通过各种各样的途径接触杀虫剂，而且大多数时候完全不知情，剂量也不可控。午餐沙拉中的生菜上残留的DDT浓度为7 ppm，即使这个含量是“安全”的，这餐饭还包括其他食物，每种食物中的残留量都在容染度值之下。同时，食物里的杀虫剂残留只是人类总接触量的一部分，可能还只是一小部分，从许多不同来源汇集的化学物质累积成了一个难以衡量的总接触量。因此，谈论任何一种食物中残留量的“安全性”是没有意义的。

此外，还有一些其他的问题：有时，容染度值的设定违背了食品药品监督管理局科学家的专业判断（如第十四章引用的案例）；有时，容染度值设定时对相关化学物质性质的了解还不面。随着更多信息的出现，容染度值后来被降低或撤销，但此时，公众接触这些化学物质已达到数月或数年之久。七氯就是一个例子，人们曾给七氯设定了一个容染度值，后来又不得不把这个容染度值取消了。有些化学物质在登记使用之前，并没有实用的现场分析方法，因此，检测人员在面对残留物时束手无策。这个问题就严重阻碍了对氨基三唑的检测工作。氨基三唑这种化学物质主要施用在蔓越莓上。对于一些广泛应用于种子处理的灭菌剂，也同样缺乏分析检测方法，而这些种子如果在种植季结束后剩下了，很可能最终会成为人类的食物。

实际上，设定容染度值就等于允许将受化学物质污染的食品供应给公众，农民和食品加工者享受了更低生产成本所带来的利益，可是这对消费者却很不利。消费者购买这些食品时还要缴税以资助监管机构，这些机构需要确保消费者不会摄入致命剂量。然而，鉴于目前用于农业的化学制剂的数量和毒性，要很好地完成这项监督工作需要投入大量资金，远不是任何立法者敢于承担的数额。因此，最终的结果是，不幸的消费者既支付了税款，又不可避免地摄入了有毒物质。

该怎样解决这个问题呢？首先，必要的措施是取消对氯化烃、有机磷酸酯类以及其他高毒性化学物质的容染度值。这时立即会有人反对说，这将带给农民难以承受的负担，但是如果按照现在设想的目标，在使用化学物质时注意方式方法，使得残留浓度仅为 7 ppm（DDT 的容染度值）或 1 ppm（对硫磷的容染度值），甚至像狄氏剂在许多水果和蔬菜上所规定的那样只有 0.1 ppm，那么为什么不能管控得更严格，来禁止任何化学残留呢？事实上，这就是七氯、异狄氏剂和狄氏剂在作物上的残留要求。既然这些规定可以实现，那为什么不能对其他化学物质也如此规定呢？

但这并不是一个彻底的解决方案或最终的解决方案，因为仅仅规定实行零容忍政策是远远不够的。目前，正如我们所见，超过 99% 的跨州食品运输是在没有检查的情况下进行的。因此，迫切需要食品药品监督管理局的警觉性更高、行动更积极主动，检查人员的数量也需要大幅增加。

然而，这种先故意毒化我们的食物，然后再对结果进行监管的做法让人不禁想起刘易斯·卡罗尔笔下的白骑士，他提出“把胡须染成绿色，然后手上一直拿着把大大的扇子，这样别人就看不见绿胡须”的计划。[①] 最终的解决方案应该是使用毒性较低的化学物质，即使这些化学物质被滥用，对公众造成的危害也会大大降低。这样的化学物质有现成的，例如除虫菊酯、鱼藤酮、鱼尼汀和其他来自植物的物质。最近已经开发出了除虫菊酯的人工合成替代品，一些国家也准备根据市场需求增加天然产品的产量。公众非常需要就市场上销售的化学物质的性质接受相关培训，普通购买者完全不了解市场上可用的杀虫剂、杀菌剂和除草剂的种类，不知道哪些是有毒的，而哪些是相对安全的。

除了将农业用杀虫剂改为更安全的类型，我们还应该积极探索可能的非化学手段。加利福尼亚州正在尝试在农业领域应用一种新方法，利用一种对特定类型昆虫高度特异的细菌，使这些昆虫染上疾病，从而实现杀虫目的。这种方法也在进行更大范围的测试。还有许多其他有效控制昆虫的方法，这些方法不会在食物上留下任何农药残留（见第十七章）。在这些新方法大规模代替老办法之前，我们不可能从目前的情形中得到任何安慰，因为无论按任何常识的标准来看，现在的情形都是不可容忍的。目前的局面是，我们面临的潜在危险和不确定性与波吉亚家族的客人[②] 的处境相差无几，最终都会沦为牺牲品。

---

① 译者注：这是英国作家刘易斯·卡罗尔的著作《爱丽丝镜中奇遇记》中的情节。

② 译者注：波吉亚家族是文艺复兴时期意大利一个贵族世家，以其政治阴谋、毒杀和腐败行为而臭名昭著。据传，波吉亚家族经常在宴会上以毒酒或毒食招待客人，以达到其政治目的。

第十二章
人类付出的代价

由于工业时代化学品的泛滥，我们的环境受到了前所未有的污染，与此同时，最严重的公共卫生问题的本质发生了巨大的变化。过去，人类曾因天花、霍乱和瘟疫等传染病而惶恐不安，这些疾病曾肆虐各国。然而，现在我们的主要关注点不再是曾经无处不在的病原体。随着卫生条件的提升、生活条件的改善以及新药物的问世，我们已经能很好地控制这些传染病。如今，我们担心的是另一种潜藏在环境中的危险，这种危险是随着现代生活方式的改变，人类自己带来的。

新出现的环境健康问题多种多样，其中既有由各种各样的辐射引发的，也有由无穷无尽的化学制剂，尤其是化学杀虫剂造成的。这些化学制剂，单个或组合起来，对我们产生直接或间接的影响。这些环境健康问题的存在，就像一个无形的阴影笼罩着我们。这个阴影并不因其无形而减少半点不祥，也不因无法预测人类一生都接触到这些化学和物理介质会受到怎样的影响而减少半点恐怖。

美国公共卫生服务管理局的大卫·普莱斯博士说："我们都生活在一种挥之不去的恐惧中，担心某些东西可能会破坏环境，导致人类像恐龙一样灭绝。"而令人更加不安的是，我们知道，在症状出现之前的二十年甚至更早，我们的命运或许就已经注定了。

化学农药在环境污染性疾病中扮演着怎样的角色？现在我们已经看到，它们污染了土壤、水和食物，使我们的溪流失去生机，让我们的花园和林地变得寂静无声，鸟儿也不再出现。尽管人们很不愿意承认这一点，但人是自然的一部分，现在这种污染已经遍布自然界各处，难道人类真的能够逃脱吗？

我们知道，即使只接触这些化学制剂一次，如果量足够大，也可能导致急性中毒，但这并不是主要问题。农民、施药人员、飞行员，以及其他接触到大量杀虫剂的人突发疾病或死亡，这些事令人悲痛，而且是本不应该发生的。对于所有人来说，杀虫剂无形中污染了我们的世界，所以我们更应该关注接触少量杀虫剂带来的延迟效应。

负责任的公共卫生官员指出，化学物质的生物学影响是在漫长的时间里逐渐累积的，个体所面临的危害可能取决于其一生中接触的药品总量。正因为如此，这种危害常常容易被忽视。人类的天性使我们往往不在乎那些看似模糊不明、远在未来的灾难。正如著名医生雷内·杜博斯所说："人们往往容易对那些有明显症状的疾病产生深刻印象，然而一些最致命的疾病往往在不知不觉中悄悄逼近。"

对于我们每个人来说，就像对密歇根的知更鸟或米拉米奇河的鲑鱼一样，这是一个生态问题，涉及相互关联和相互依存的生态问题。我们用杀虫剂杀死了溪流中的蜉蝣生物，鲑鱼的洄游产卵现象就会减少甚至导致鲑鱼灭绝；我们用杀虫剂杀死了湖中的蚊虫，有毒物质就会顺着食物链一步步传播，最终湖边的鸟类成为受害者；我们用杀虫剂喷洒榆树，接下来的春天就没有了知更鸟的歌唱，这并不是因为我们直接将杀虫剂喷洒到知更鸟上，而是因为有毒物质一步步地通过"榆叶—蚯蚓—知更鸟"这为人熟知的生物链传播。这些都是有记录可查、可以观察到的事实，在我们周围的世界清晰可见。它们反映了生命之网，或死亡之网，而科学家称之为生态学。

但我们体内也存在着一套生态系统。在这个看不见的世界里，微小的原因可能引发巨大的后果；而且，这些后果往往看似与原因没有直接关系，生病的症状可能表现在身体上的某个地方，而非开始受到损伤的部位。正如最近的一项医学研究总结所言：“即使是一个点的变化，甚至是一个小分子的变化，也可能使整个系统产生变化，引发看似无关的器官、组织的改变。”当我们探讨人体那神秘而奇妙的功能时，因果关系很少呈现简单直接的关联，它们可能在空间和时间上都相隔甚远。要发现疾病和死亡的根源，需要耐心地将许多看似孤立、不相关的事实拼凑在一起，这些事实源自不同领域中的大量研究。

我们习惯于关注对人体明显的、直接的影响，而忽视其他方面的影响。除非这种影响迅速出现，并且是以一种无法忽视的明显形式出现，否则我们往往否认危险的存在。即使是研究人员，也常常面临在危险初期检测手段不足的问题。在医学领域，在症状出现之前缺乏足够精确的方法来检测伤害，仍然是一个亟待解决的重大难题。

有人可能会反驳说：“我在草坪上多次使用过狄式剂喷雾，但我从未像世界卫生组织的喷药人员那样发生抽搐，所以这种杀虫剂并没有伤害我。”事情并没有那么简单，尽管没有突然和显著的伤害症状，但任何接触这种物质的人，毫无疑问，体内都会累积有毒物质。正如我们所看到的那样，氯化烃在人体的贮存是通过极微小的摄入量逐渐累积起来的。这些有毒物质会储存在身体的脂肪组织中。当这些脂肪储备被消耗时，毒素就可能迅速发挥作用。新西兰的一本医学期刊最近记录了一个案例：一名接受肥胖症治疗的男子突然出现中毒症状。经过检查，发现他的脂肪中含有狄式剂，而这些狄式剂在他减肥过程中发生了代谢转换。生病时体重的下降也可能引发类似的情况。

另一方面，毒素累积的结果可能更加不易察觉。几年前，美国医学会的杂志发出严正警告，指出杀虫剂能在脂肪组织中储存，这非常危险，并指出，我们对这些能在脂肪组织中贮存的药物或化学物质要格外小心，他们比那些不会在组织中贮存的物质要危险得多。该杂志进一步指出，脂肪组织不仅仅是储存脂肪的地方（脂肪约占体重的

18%)，还有许多重要功能，而在组织中贮存的毒素可能会干扰这些功能。此外，脂肪广泛分布在全身的器官和组织中，甚至还是细胞膜的组成部分。因此，记住这一点很重要——脂溶性的杀虫剂会在单个细胞中储存，并可能干扰最为关键和必要的生理功能，如氧化反应和能量生产过程。这个问题的重要性将在下一章进行讨论。

氯化烃类杀虫剂最重要的一个特质是它们会损伤肝脏。肝脏是身体中最为特殊的器官，它在所有器官中是功能最多的，其作用也不可或缺。肝脏负担了许多重要的生命活动，因此即使它受到的损害很轻微，产生的后果也可能很严重。肝脏不仅分泌胆汁消化脂肪，由于其在身体所处的位置以及特殊的血液循环路径，它还直接接收来自消化道的血液，并深度参与所有主要营养物质的代谢过程；肝脏以糖原的形式储存糖分，并以精确控制的定量将糖分以葡萄糖的形式释放，以维持血糖的正常水平；肝脏负责合成身体所需的蛋白质，包括一些与血液凝结相关的血浆成分；肝脏还维持着血浆中胆固醇的适当水平，并在性激素超过正常水平时使其失活；肝脏还是许多维生素的储存库，而其中一些维生素也有助于维护肝脏的正常功能。

如果肝脏不能正常起作用，人体就会失去防御能力，无法抵御不断侵入的各种毒素。其中一些毒素是新陈代谢产生的正常副产品，肝脏能够迅速高效地通过去除这些物质的氮元素而使其对身体没有危害，而那些外来的毒素同样可以变得对身体“无害”。像马拉硫磷和甲氧氯这类“无害”的杀虫剂，之所以比其他同类物质毒性更低，仅仅是因为肝脏中的酶可以通过改变这些化学物质分子的结构来减少毒性。肝脏以类似的方式处理我们所接触的大多数有毒物质。

现在，我们对抗外来毒素或体内毒素的防线已经变弱甚至开始崩溃。受杀虫剂侵害的肝脏不仅无法保护我们免受毒素侵害，它的许多重要功能也可能受到损害。这不但会引起严重的后果，而且由于这些后果多种多样且不会显现出来，人们往往难以捕捉到其发生的真正原因。

值得注意的是，由于目前普遍使用的杀虫剂都对肝脏有毒，因此肝炎的发病率自 20 世纪 50 年代起急剧上升，并且持续波动性增长。据称，肝硬化的病例也在增加。虽然在涉及人类病例而非实验动物时，很难“证明”甲原因会直接导致乙结果，但常识告诉我们，肝病发病率的急剧上升与环境中普遍存在能毒害肝脏的有害物质之间一定存在关联。无论氯化烃类化合物是不是主要原因，我们已经知道它们会对肝脏造成损伤，进而可能使人们对疾病的抵抗力下降，在这种情况下，将我们自己暴露在这些毒素之中显然很不明智。

尽管作用方式不同，两种主要类型的杀虫剂——氯化烃类和有机磷酸酯类——都会直接影响神经系统。通过大量的动物实验和对人类个体的观察，这一点已经得到了明确的证实。至于 DDT，它是首个被广泛使用的新型有机杀虫剂，其副作用主要集中在人类的中枢神经系统。人们普遍认为，小脑和大脑皮层中的高级运动区是受影响的主要区域。根据标准的毒理学教科书，接触一定量的 DDT 后，可能会出现异常的感觉，如刺痛、灼热或瘙痒、震颤，甚至是抽搐。

我们对 DDT 急性中毒症状的最初了解来自几位英国研究人员，他们特意接触 DDT，以便了解其引发的后果。两位英国皇家海军生理实验室的科学家直接接触涂有含 2% DDT 的水溶性油漆的墙面（油漆上还覆盖了一层薄薄的油膜），刻意通过皮肤吸收 DDT。他们生动描述了 DDT 对神经系统的直接影响，清楚地展现了他们的症状：“身体上的感觉包括疲劳、昏昏沉沉和四肢酸痛，精神上感觉极其焦虑不安……（甚至会感到）极度的易怒……对任何工作都强烈反感……在处理非常简单的脑力工作时，也会感到无能为力。关节疼痛有时会非常剧烈。”

另一位英国实验人员将含有 DDT 的丙酮溶液涂抹在皮肤上，报告称他感到四肢沉重和酸痛、肌肉无力，以及“极度神经紧张而导致的痉挛”。他在休假之后症状有所缓解，但回到工作岗位后，身体状况却又恶化。此后，他在床上休养了三周，其间一直忍受着四肢持续酸痛、失眠、神经紧张和极度焦虑的症状。有时，他的全身会出现震颤——这种震颤在 DDT 中毒的鸟类中很常见。长达 10 周，这位实验者都无法工作，即使在一年后，当他的病例刊登在英国医学期刊上时，他仍未能完全恢复。

尽管有这一证据，几位美国研究人员在对志愿者进行 DDT 实验时，却无视志愿者说的头痛和“全身骨痛”，认为这些症状“显然是神经性或心理性的”。

现在已经有许多记录在案的病例，其症状和整个病程都表明杀虫剂是引发疾病的原因。通常情况下，受害者接触过某种杀虫剂，其症状在接受治疗时有所缓解，而治疗方法就包括移除其所处环境中的杀虫剂；更重要的是，这些患者与这些有害化学物质重新接触后，其病症又会复发。作为对一种疾病进行医学治疗的根据，这种证据已经足够了。毫无疑问我们需要将其视为一个警示，即明明知道让杀虫剂充斥于我们所处的环境是有危险的，还继续冒着风险这么做，这其实并不明智。

为什么并非每个接触和使用杀虫剂的人都会出现相同的症状？这涉及个体的敏感性差异。有一些证据表明，女性比男性更容易受到影响，幼儿比成年人更易受到影响，久坐在室内的人比户外工作者或运动者更容易受到影响。除此之外，还有一些差异，虽然难以言明，但同样客观存在。是什么原因导致一个人对灰尘或花粉过敏，对某种毒素敏感，或者更易感染疾病，而另一个人却完全没有受到影响呢？这在医学上仍然是未解之谜。尽管如此，这个问题确实存在，并且影响着相当一部分人。一些医生估计，他们的患者有三分之一或以上表现出某种形式的敏感症状，而这一数量还在增加。不幸的是，某些人对某种物质可能之前不敏感，但会突然产生敏感反应。事实上，一些医学专家认为，间歇性接触化学制剂可能会诱发这种敏感症状。如果这一观点成立，那么也许就能解释为何一些长期接触化学制剂的专业人员不会在研究中表现出明显的中毒反应——由于持续接触这些化学物质，这些人可能产生了对它们的耐受性，就像过敏科医生通过反复小剂量注射过敏原使病人逐渐产生耐受一样。

杀虫剂中毒的问题变得极为复杂，原因在于人类与实验动物不同，实验动物生活在严格控制的环境中，而人类长期以来接触到的不单单只是一种化学物质，而是多种。在各类主要的杀虫剂之间，以及在它们与其他化学物质之间，存在着某些相互作用，可能会引起严重的后果。无论是进入土壤、水中，还是进入人体血液，这些彼此不相干的化学物质都不会保持孤立状态，它们之间会发生神秘且难以察觉的变化，改变彼此的危害能力。

即使是在看起来作用完全不同的两类杀虫剂之间，也存在着相互作用。有机磷酸酯是一种能影响胆碱酯酶——一种神经保护酶——的有毒物质，如果人体在接触它之前已接触过会损伤肝脏的氯化碳氢化合物，那么有机磷酸酯的毒性可能会增强。这是因为当肝功能受到损伤时，胆碱酯酶的水平会下降到正常值以下。此时，有机磷酸酯附加的抑制作用可能引发急性症状。正如我们所见，成对的有机磷酸酯之间可能进行相互作用，使毒性增加百倍。此外，有机磷酸酯还可能与各种药物、合成材料、食品添加剂等相互作用。已经有数不清的人造物质侵入了我们的世界，天晓得还有什么。

一种原本无害的化学物质，可能会因为与另一种物质发生作用而变得有毒，最能说明问题的一个例子就是 DDT 的“近亲”甲氧氯。(事实上，甲氧氯可能并不像通常所说的那样毫无危害，最近针对实验动物的研究表明，它对子宫有直接作用，并且会妨碍某些强效的垂体激素起作用。这个例子再次提醒我们，化学物质具有巨大的生物学效应。其他研究还表明，甲氧氯有可能损害肾脏。) 由于单独使用甲氧氯时，它不会在人体内大量累积，因此人们说甲氧氯是一种安全的化学物质，但这未必符合事实。如果肝脏已被其他药物损害，甲氧氯将在体内以正常速率的百倍储存起来，并会像 DDT 一样，对神经系统造成长期损害。然而，会引发这种后果的肝脏损害可能仅仅是不易察觉的轻微损害。这种轻微的肝脏损害可能是由许多常见情况引起的，比如使用了其他杀虫剂，使用了含有四氯化碳的清洁剂，或服用了所谓的“镇静剂”——这些药物中有些（并非全部）是氯化烃类物质，会损害肝脏。

神经系统的损伤不仅局限于急性中毒，还可能会对神经造成延迟性损伤。据报告，甲氧氯和其他一些杀虫剂会对大脑或神经造成长期性损害。狄式剂除了造成即时的影响，还可能引发长期潜伏的后遗症，包括“记忆丧失、失眠、噩梦甚至狂躁症”。医学研究发现，林丹会在大脑和功能正常的肝脏组织中累积，并可能对中枢神经系统造成“深远且持久的影响”。然而，这种形态的六氯化苯，常通过汽化器等设备雾化后被喷入家庭、办公室和餐馆等处。

有机磷酸酯通常会导致急性中毒的剧烈反应，但它们也有可能对神经组织造成长期的物理损伤。最近的研究发现表明，它们还可能引发精神障碍。使用这类杀虫剂后，发生过多起延迟性麻痹的病例。1930 年前后，美国禁酒时期发生过一个离奇事件，预示着未来将会发生的情况。这个事件的罪魁祸首不是杀虫剂，而是与有机磷酸酯同一类别的化学物质。在禁酒令实施期间，一些药物被用作酒类的替代品，因为这些药物不受禁酒令的限制，牙买加姜就是其中之一。然而，列入《美国药典》的牙买加姜价格昂贵，非法制造商于是想出了制造假牙买加姜的办法。他们成功了，他们伪造的产品通过了相关的化学检测，甚至骗过了政府的化学家。为了让假牙买加姜拥有真牙买加姜的辛辣味，他们添加了一种叫作磷酸三邻甲苯酯的化学物质。这种化学物质与对硫磷及其同类物质类似，会破坏人体内的一种保护性酶——胆碱酯酶。最终，约 15000 人由于饮用了这些伪劣产品，患了一种永久性致残的腿部麻痹症，现今这种病症被称为“姜麻痹”。除了麻痹，患者还同时出现了其他两个症状：神经鞘损伤和脊髓前角细胞退化。

正如我们所见，在大约 20 年后，多种有机磷酸酯杀虫剂投入使用，随之出现了多起类似姜麻痹的病例。其中一例是一名德国温室工人，他在多次使用对硫磷后，出现了轻微中毒症状，几个月后他患上了麻痹症。其后，3 名化工厂工人因接触到这一类型的其他杀虫剂而发生急性中毒。他们经过治疗后康复，但 10 天后，其中 2 人出现了腿部肌肉无力的症状。这个症状在一名工人身上持续了 10 个月，另一名年轻女化学家受到的影响则更为严重，双腿麻痹，甚至手臂和手部也有麻痹症状，当两年后她的病例登载在医学期刊上时，她仍然无法行走。

导致这些病例的杀虫剂已经被从市场上撤回，但目前一些正在使用的杀虫剂可能也具有类似的危险。马拉硫磷（深受园丁喜爱的杀虫剂）在对鸡进行的实验中曾引发严重的肌肉无力。和姜麻痹一样，这种症状也伴随着坐骨神经鞘和脊髓神经鞘的损伤。

有机磷酸酯中毒的病人，即使能有幸存活下来，所有这些后果也可能只是更严重问题的前兆。鉴于它们对神经系统造成的严重损害，这些杀虫剂最终难免与精神疾病关联起来。最近，墨尔本大学和墨尔本亨利王子医院的研究人员提供了相关的证据，他们报告了 16 例精神疾病病例，所有患者都长期接触有机磷酸酯杀虫剂。其中 3 名是检查喷雾效果的科学家，8 名在温室工作，5 名是农场工人。他们的症状有记忆力受损、精神分裂和抑郁反应等。在接触这些化学物质之前，他们的医疗记录都是正常的，直到接触这些化学物质之后，他们才受到攻击。

如我们所见，这类案例在医学文献中有广泛的记载，有时与氯化烃类杀虫剂有关，有时则与有机磷酸酯类杀虫剂有关。混乱、妄想、记忆丧失、狂躁——这是人们为了消灭几只昆虫而付出的沉重代价，如果我们执意使用这些会直接攻击神经系统的化学物质，就要继续付出惨痛的代价。

第十三章
透过狭窄的窗户

生物学家乔治·沃尔德曾将他对眼睛视觉色素的专门研究比作“一扇狭窄的窗户，如果从远处看，你只能看到一条缝，透出一丝光线。但随着你逐渐靠近，视野变得越来越宽阔，最终通过这扇狭窄的窗户，整个宇宙都将尽收眼底”。

同理，只有当我们将目光聚焦于身体的单个细胞，然后深入细胞内部的微观结构，最终关注到这些结构中分子层面的基础反应，我们才能真正理解随意引入外来化学物质会对我们的体内环境造成多么严重和深远的影响。医学研究直到最近才开始关注单个细胞的功能，即它们如何产生生命所必需的能量。人体中特别的能量产生机制不仅仅是健康的基础，更是生命的根基。它的重要性甚至超过了最重要的器官，因为如果没有氧化反应顺畅、有效地产生能量，身体的任何器官都无法正常运转。然而，许多用于防治昆虫、啮齿类动物和杂草的化学物质可能会直接攻击这一能量生产系统，扰乱其原本完美的运作机制。

生物学和生物化学中最值得称赞的突破之一就是细胞氧化研究，该研究让我们现在能够了解细胞的氧化过程。参与这项工作的研究人员有许多诺贝尔奖得主。这项研究以早期的研究工作为基础，逐步推进，已经持续了四分之一个世纪。即便如此，许多细节仍未完全清晰。直到过去十年间，各种不同的研究成果才逐渐汇聚成一个完整的体系，而生物学家才普遍了解了生物的氧化过程。更为重要的是，那些在1950年之前接受了基础培训的医学工作者，几乎意识不到生物氧化过程的重要性以及如果破坏这一过程可能带来的风险。

能量的产生并非在某个特定的器官中完成，而是在身体的每一个细胞中完成的。一个活细胞就像一团火焰，通过燃烧燃料来产生生命所必需的能量。这样的类比虽然更具诗意，但并不精准，因为细胞的“燃烧”是在体内的正常温度下进行。然而，正是这些数以亿计、轻微燃烧的小火焰激发了生命的能量。如果它们停止燃烧，后果就像化学家尤金·拉宾诺维奇所说的：“心脏就停止跳动，植物就不能突破重力向上生长，变形虫不再游动，感觉也不会再沿着神经快速传递，人类的大脑里更不会闪现思想的火花。”

细胞内物质转化为能量是一个源源不断的过程，像一个无休止转动的轮子一样，是自然界更新循环的一部分。以葡萄糖形式存在的碳水化合物燃料，一粒粒、一个个分子被送入这个转动的轮子；在循环过程中，燃料分子分解、经历一系列微小的化学变化。这些变化有序地、逐步地进行，每一步都由一种特定功能的酶来指导和控制，这种酶就只专注做这一件事。每一个步骤都有能量产生和废物（二氧化碳和水）排出，发生了变化的燃料分子被输送到下一个环节。当这个不停转动的轮子完成一个循环周期，燃料分子已经被分解成一种新的形式，此时它已准备好随时与新进入的分子结合，并开始新的循环。

这是细胞作为化学工厂的运作过程，是生命世界中的一大奇迹。所有参与运作环节的物质尺寸都极其微小，这更增添了这一奇迹的神秘性。绝大部分细胞本身都极其微小，只有借助显微镜才能看到。然而，氧化反应的绝大部分工作是在一个更小的场所——细胞内被称为线粒体的极小颗粒中完成的。尽管早在60年前人们就已经发现了线粒体，但最初人们并不了解其功能，认为它可能只是不重要的细胞元素，忽略了它。直到20世纪50年代，线粒体的研究才变得激动人心且富有成果；突然之间，人们对线粒体的关注度激增，仅在 5 年内就出现了 1000 篇相关论文。

更令人惊叹的是，人类在揭开线粒体奥秘时所表现出的非凡的聪明才智和耐心。试想一下，这样小的颗粒，即使用显微镜将它放大 300 倍，也几乎看不见，而要分离出这个颗粒，拆解并分析其成分，以及确定它们高度复杂的功能，这需要多么高超的技术！如今，这一切已经通过电子显微镜和生物化学家的技术手段得以实现。

现在我们知道，线粒体是酶的集合体，每个集合体内含有各种各样的酶，包括完成氧化循环所需的所有酶，这些酶按精确有序的方式排列在线粒体壁面和隔膜上。线粒体是“动力工厂”，大多数生成能量的反应都在这里发生。燃料分子在细胞质中完成氧化的几个初始步骤后，进入线粒体。也正是在这里，氧化反应完成，释放出巨大的能量。

若非为了这个至关重要的结果，线粒体内不断转动的氧化之轮将毫无意义。在氧化循环的每一个阶段产生的能量都以一种生物化学家熟悉的形式存在，即 ATP（三磷酸腺苷），它是一个含有三个磷酸基团的分子。ATP 可以提供能量，因为它能够将其中一个磷酸基团连同其电子键的能量一起转移到其他物质上，同时电子高速地来回穿梭。因此，在肌肉细胞中，当一个末端磷酸基团转移到收缩的肌肉上时，就获得了收缩所需的能量。这样，另一个循环中的循环就发生了——ATP 分子失去一个磷酸基团，剩下两个，变成了二磷酸腺苷（ADP）。而随着氧化之轮进一步转动，另一个磷酸基团和 ADP 结合，于是强大的 ATP 得以恢复。人们常用蓄电池来比喻这个过程：ATP 代表充满电的电池，而 ADP 则代表放电后的电池。

ATP 是能量存在的普遍形式，从微生物到人，所有有机体里都有其身影。它为肌肉细胞提供机械能，为神经细胞提供电能。精子细胞、准备进行重大活动的受精卵（即从受精卵转变为青蛙、鸟类或人类婴儿）以及必须产生激素的细胞，也都需要 ATP 提供能量。ATP 的一部分能量在线粒体中使用，但大部分能量被迅速输送到有细胞中，为其他活动提供动力。线粒体在特定细胞中的位置表明了它们的功能，因为它们所处的位置能够使能量精确地输送到有需要的地方。在肌肉细胞中，线粒体集中在收缩的肌纤维周围；在神经细胞中，线粒体位于与其他细胞的连接处，为脉冲的传递提供能量；在精子细胞中，它们集中在推进尾部与头部连接的点上。

电池的“充电”过程，即 ADP 和一个自由磷酸基团结合形成 ATP 的过程，和氧化过程是紧密相关的，这种紧密的关联被称为偶联磷酸化。如果这种结合被破坏，那么就会失去供应可用能量的途径。虽然呼吸作用继续进行，但不再产生能量。此时，细胞就像一个赛车引擎，产生热量却没有动力输出。肌肉无法收缩，神经脉冲无法沿神经通路传递；精子无法游动到达目的地，受精卵也无法完成其复杂的分裂和发育。如果偶联失败，对任何有机体而言，无论是胚胎还是发育完成的有机体，都可能是灾难性的：随着时间的推移，这可能导致组织坏死甚至整个有机体死亡。

什么会导致偶联失败呢？辐射就是原因之一，一些人认为，暴露于辐射中的细胞死亡就是因为偶联失败造成的。不幸的是，许多化学物质也具有将氧化与能量产生过程分离的能力，杀虫剂和除草剂在这类物质中均占有一席之地。如我们所见，酚类化合物对新陈代谢有强烈的影响，可能导致体温致命性地升高，这是由偶联失败引起的“赛车引擎”效应所致。广泛用于除草剂中的二硝基酚和五氯苯酚就属于这类化学物质。二氯苯氧乙酸是另一种能造成偶联失败的除草剂。在氯化烃类化合物中，DDT 已被证实会造成偶联失败，进一步研究会揭示其他这类化合物也会造成同一后果。

然而，偶联失败并不是熄灭身体数十亿细胞中一些或全部微小火焰的唯一方式。我们已经看到，氧化过程中的每一步都由特定的酶来指导和加速。当这些酶中的任何一种——即使只有一种——被破坏或削弱时，细胞内的氧化循环就会停止，受影响的究竟是哪种酶并不重要。氧化过程像一个转动的轮子一样循环进行。如果我们在轮子的辐条之间插入一根撬棍，无论插在哪里，轮子都会停止转动。同样地，如果我们破坏了在循环中任一环节起作用的酶，氧化过程也会停止。那时就不会再有能量产生，因此最终结果与偶联失败非常相似。

破坏氧化之轮运转的“撬棍”可以是许多常用的化学农药。DDT、甲氧氯、马拉硫磷、吩噻嗪和各种二硝基化合物，就是已发现会抑制参与氧化循环的一种或多种酶的几种化学制剂。因此，它们能够阻断能量产生的整个过程，并剥夺细胞可用的氧气。这种损害可能会造成灾难性的后果，在这儿只能提及其中很小的一部分。

仅仅通过系统地剥夺氧气，实验者就能使正常细胞转变为癌细胞，这一点我们将在下一章中看到。关于剥夺细胞氧气的其他严重后果，我们可以通过在动物实验中对发育中的胚胎进行观察找到一些线索。当氧气供应不足时，组织展开和器官发育的有序过程会被打乱，这时就会出现畸形和其他异常。可以推测，如果缺氧，人类胚胎也可能会发育出先天性畸形。

有迹象表明，这类影响已开始引起关注，尽管很少有人深入探究全部原因。作为时代更令人不安的预兆之一，美国人口统计办公室于1961年启动了全国畸形出生儿统计工作，并解释说，这些统计数据将为我们提供关于先天性畸形发生率及其发生条件的重要信息。毫无疑问，这类研究主要针对的是衡量辐射的影响，但不可忽视的是，许多化学物质的作用与辐射相类似，会产生和辐射一样的影响。国家人口统计办公室对未来儿童情况的严峻预测表明，几乎可以肯定，孩子们的缺陷和畸形是由这些渗透到我们外部环境和身体内部环境的化学物质引起的。

一些研究发现，生殖能力的下降可能也与生物氧化过程受到干扰有关，因为生物氧化过程受到干扰时会将ATP这一至关重要的能量储备耗尽。即使在受精之前，卵子也需要储备大量的ATP，一旦精子进入，卵子完成受精时需要巨大的努力和能量消耗，充足的ATP就是为此时做准备的。而精子能否到达并穿透卵子，则取决于其自身的ATP供应情况，这些ATP在线粒体中生成，而线粒体通常集中在精子细胞的颈部。一旦受精完成，细胞分裂开始，胚胎发育是否能够顺利完成，在很大程度上取决于ATP的能量供应。胚胎学家在研究青蛙和海胆这类较易获取的实验对象时发现，如果ATP含量低于某个临界水平，它们的卵子将会停止分裂并很快死亡。

从胚胎学实验室获取的信息也能帮助我们了解苹果树上鸟巢的情况。知更鸟的蛋静静地躺在它筑在苹果树上的巢里，然而，这些蓝绿色的鸟蛋已然冰冷，微弱的生命火花仅闪烁了几天就熄灭了。又或是在佛罗里达州一棵高大松树顶端的白头海雕巢穴，巢穴由一大堆看似杂乱无章的树枝和木棍堆叠而成，而三颗巨大的白色的蛋躺在里面，冰冷而毫无生气。为什么知更鸟和白头海雕的蛋没能孵化出来？这些鸟蛋是不是和实验室里的青蛙卵一样，因为缺乏足够的能量，也就是ATP分子，所以无法完成发育？而这种ATP的缺乏是不是因为鸟爸爸和鸟妈妈的体内，还有鸟蛋里，储存了足够多的杀虫剂，阻碍了氧化反应之轮的运转，从而中断了能量供应？

我们不再需要猜测鸟蛋中是否储存了杀虫剂，因为显然，直接观察鸟蛋比观察哺乳动物的卵子更容易一些。不管是在实验室环境里得到的鸟蛋还是在野外获取的，每当对这些鸟蛋进行检测时，总能发现大量的DDT和其他烃类化合物的残留，而且浓度通常很高。加利福尼亚州的一个实验中，野鸡的蛋中DDT浓度高达349 ppm。在密歇根州，因DDT中毒而死的知更鸟，从它们的输卵管中取出的蛋，DDT浓度最高达到200 ppm。一些知更鸟因中毒而死，留下无人看顾的鸟巢，这些鸟巢里的蛋也都含有DDT。还有施用了艾氏剂的农场，其附近的鸡也受到了毒害，这些鸡产下的蛋里就含有这种化学物质。实验中用DDT喂养的母鸡产下的蛋中，DDT浓度高达65 ppm。

我们已经知道DDT和其他（也或许是所有）氯化烃通过使特定酶失活或让能量生产机制偶联失败的方式，阻止能量生成的循环过程。

很难想象，含有大量化学残留物的蛋如何能够完成生长发育的全过程，这包括无数次的细胞分裂、组织和器官的发育完成，以及生命物质的合成，最终形成一个完整的生命体。所有这一切都需要大量的能量，也就是只有通过代谢之轮转动才能产生的 ATP。

我们不能假定这种灾难性的后果会仅发生在鸟类世界中。ATP 是能量的通用货币，无论是在鸟体内还是细菌内部，无论是在人类还是老鼠的体内，代谢循环产生的 ATP 在这些生物体内的作用都是一样的，因此，任何物种的生殖细胞中都贮存了杀虫剂。这一事实提醒了我们，类似的影响也同样会发生在人类身上。

有迹象表明，这些化学物质不仅积聚在生殖细胞中，还会沉积在与生成生殖细胞相关的组织中。在多种鸟类和哺乳动物的性器官中已经发现了杀虫剂的累积，其中包括在人为控制条件下的野鸡、老鼠和豚鼠，栖息在喷洒过杀虫剂的榆树林中的知更鸟，以及漫步于喷洒过云杉卷叶蛾杀虫剂的西部森林中的鹿群，无一幸免。其中一只知更鸟的睾丸中 DDT 的浓度比身体其他任何部位的都要高。野鸡的睾丸里也累积了大量的杀虫剂，浓度高达 1500 ppm。

可能由于这种化学物质在性器官中的贮存，用于实验的哺乳动物已出现睾丸萎缩的现象：接触了甲氧氯的青壮年老鼠的睾丸异常小；喂食了 DDT 的年轻公鸡，其睾丸不到正常大小的五分之一，而依赖睾丸激素发育的鸡冠和肉垂也只有正常大小的三分之一。

精子本身可能也会因缺少 ATP 而受到影响。实验表明，二硝基酚会干扰能量的偶联机制，导致能量丧失，从而降低公牛精子的活力。如果进一步研究，可能会发现其他化学物质也会产生类似的后果。医学报告中也有一些迹象表明，这类化学物质可能对人类产生影响，喷洒 DDT 的飞行作业操作员，他们出现了少精症的情况。

对于整个人类而言，比个体生命更为宝贵的是我们的基因遗产，它是连接我们的过去与未来的纽带。基因在漫长的进化过程中逐渐塑造成型，不仅决定了我们是什么，也承载着人类的未来——无论是充满希望的还是满是威胁的。然而，基因退化，尤其是人造化学物质所引起的退化，是对我们时代的威胁，“这是对人类文明的最后、也是最大的危险”。

必须再次明确指出，化学物质与辐射对人类产生的影响作用相当，而且无法回避。

受到辐射的活细胞会产生各种损伤：它的正常分裂能力可能被摧毁，染色体结构可能发生改变，或者基因——遗传物质的载体——也可能发生突变，导致它们的后代产生新的特征。如果细胞特别敏感，它可能会被直接杀死，或者最终，经过以年为单位的时间流逝后，它可能会变成恶性细胞。

辐射的所有这些后果都已在实验室研究中被一大类化学物质复制出来，这些化学物质都具有类辐射或辐射仿效的作用。许多作为农药使用的化学物质（包括除草剂和杀虫剂）都属于这类物质，他们能够损害染色体、干扰正常细胞分裂或引起突变。这些对遗传物质的损伤可能会导致接触到化学农药的个体患病，也可能要在他们的后代中才显现影响。

就在几十年以前，还没人知道辐射或化学物质的这些影响。在那个时代，原子尚未被分离出来，许多化学物质还没有从化学家的试管中创造出来，这些化学物质后来经证实具备和辐射一样的效果。直到 1927 年，得克萨斯州一所大学的动物学教授 H.J. 穆勒发现，生物经过 X 射线照射，其后代会发生突变。

穆勒的发现开启了一个广阔的科学和医学知识新领域，他因此获得了诺贝尔医学奖。后来，这个世界的人们很快因核辐射而熟悉了放射性沉降雨，到这个时候，即使不是科学家也已经了解辐射的潜在影响。

夏洛特·奥尔巴赫和威廉·罗伯森于 20 世纪 40 年代早期在爱丁堡大学有过类似的发现，尽管他们的研究很少有人关注。他们研究了芥子气，发现这种化学物质会造成永久性的染色体异常，这种异常与辐射引起的染色体变化无异。在穆勒最初用来研究 X 射线的昆虫——果蝇身上的实验表明，芥子气也能引发突变。由此，第一个化学诱变剂问世了。

现在，芥子气，以及许许多多能够改变植物和动物遗传物质的其他化学物质，共同构成了一个长长的诱变剂名单。为了深入理解化学物质是如何影响遗传过程，我们首先需要了解生命处于活细胞这一阶段的基本演变过程。

构成身体组织和器官的细胞必须具备不断增殖的能力，身体才能生长，生命之河才能一代代地流淌下去。这一过程通过有丝分裂或核分裂来实现。在即将分裂的细胞中，会发生极其重要的变化，这个变化最初发生在细胞核内，最终延伸至整个细胞。在细胞核内，染色体以某种神秘的方式移动和分裂，排列成亘古未变的模式，这些模式将有助于将遗传的决定因素基因分配到子细胞中。首先，染色体呈现出拉长的线状结构，基因像串珠一样排列在上面。然后，每条染色体纵向分裂，基因也随之分离。当细胞分裂成两个子细胞时，每个子细胞将获得一半的染色体。通过这种方式，每个新细胞将包含一整套染色体，包括了编排在染色体上所有遗传信息的密码。通过这种方式，种族和物种的完整性得以保留；也是通过这种方式，生命得以孕育出相似的生命。

在生殖细胞的形成过程中，发生了一种特殊的细胞分裂。由于每个物种的染色体数目是固定的，卵子和精子结合形成新的个体时，只需带着该物种一半数目的染色体。这是在产生新细胞的分裂过程中，通过染色体行为的特殊变化，以极高的精确度完成的。此时，染色体不会像有丝分裂那样分裂，而是一对染色体中的两条染色体分别进入两个子细胞。

细胞是生命的基本单位，所有生物在细胞阶段都基本一致。地球上所有生命体在细胞分裂过程中的每一个步骤都是相同的，无论是人类还是变形虫，巨型红杉还是简单的酵母细胞，想要长期存在就必须进行细胞分裂。因此，任何干扰有丝分裂的因素，都是对生物及其后代的严重威胁。

乔治·盖劳·辛普森和他的同事皮滕德里奇、蒂凡尼共同完成了一本内容广博的著作——《生命》。在书中，他们写道："细胞组织的主要特征，包括有丝分裂等，早在5亿年前就有了，甚至有将近10亿年的历史。"他们还说："这样说来，生命虽然脆弱且复杂，却让人难以置信地久经考验，甚至比山脉还要持久。这种持久性完全取决于基因不可思议的精确性，即遗传信息在代与代之间的精准复制。"

但在这些作者描述的10亿年的历史中，人类基因的这种"不可思议的精确性"从来没有像20世纪中期这样，受到人为的辐射以及人工创造和传播的化学物质的威胁。澳大利亚知名医生、诺贝尔奖得主麦克法兰·伯内特爵士认为，我们这个时代"最重要的医学特征之一"，就是"随着越来越强大的治疗手段的副产品以及生物经验之外的化学物质的出现，原本能阻挡诱变剂进入内脏器官的正常防护屏障，已经越来越频繁地被突破"。

人类对染色体的研究仍处于起步阶段，直到最近我们才有可能研究环境因素对染色体造成的影响。1956年，新技术的出现才使我们能够准确地测出人体细胞中的染色体数量一共有46条，并仔细地观测全部染色体或部分染色体的存在或缺失。由环境因素造成的遗传损伤的整体概念也是相对较新的，除了遗传学家，几乎没有人理解这一点，然而遗传学家的建议却很少被采纳。人们已经了解了各种形式的辐射所带来的危害，这在情理之中，但有时人们又会否认某些危害，这多少有点出人意料。穆勒博士常常痛惜："很多人，不仅是政府任命的政策制定者，还有许多医学界的专业人士，都拒绝接受遗传学原则。"至于化学物质可能发挥与辐射相似的作用，这一事实不仅公众几乎还没有意识到，大多数医学或科学工作者也不了解。因此，化学物质在日常使用中（而非在实验室研究中）的作用至今尚未得到评估，而进行这种评估是极其重要和迫切的。

麦克法兰·伯内特爵士并非唯一一个预判到化学物质潜在危险的人。英国这方面杰出的专家彼得·亚历山大博士曾表示，类辐射的化学物质“很可能比辐射更危险”。凭借其在遗传学领域数十年卓越的工作经验，穆勒博士向公众发出警示，说各种化学物质（包括杀虫剂所代表的化学物质组）“可能会像辐射一样提高基因突变概率……在现代接触各种不寻常化学物质的情况下，我们的基因究竟在多大程度上受到这种致突变的影响，目前人们对此知之甚少”。

人们普遍忽视化学诱变剂的问题，这或许因为最早发现的那些化学物质仅用于科学研究领域。比如氮芥不会从空中喷洒到所有人身上，只有生物学家在实验中使用或者医生将其用于癌症的治疗。（最近有报道称，接受这种治疗的患者染色体受损。）然而，杀虫剂和除草剂却与大量人群密切接触。

尽管很少有人关注这一问题，但我们仍然可以收集到一些关于这些化学农药的具体信息，表明它们会以不同方式干扰细胞的生命过程，从轻微的染色体损伤到基因突变，并可能导致恶性肿瘤等严重后果。

连续几代都接触了 DDT 后，蚊子变成了雌雄同体的奇特生物，它们部分特征表现为雄性，部分特征表现为雌性。

用酚类化合物处理过的植物，其染色体都受到了严重破坏，基因突变概率显著提高，产生了“不可逆的遗传变化”。果蝇是常见的遗传实验的对象。当接触到酚类化合物时，果蝇身上也发生了突变，这些发生突变的果蝇如果接触到某种常见的除草剂或尿烷后，突变会更加严重，甚至会死亡。尿烷属于氨基甲酸酯类化学品，越来越多的杀虫剂和其他农业化学制剂都是从这类化学品中提取出来的。有两种氨基甲酸酯能有效阻止细胞分裂，因此被用来防止土豆在储存过程中发芽。另一种防止发芽的药剂——马来酰肼，也被归入强效诱变剂。

用六氯化苯或林丹处理过的植物其形态会发生变化，根部出现了类似肿瘤一样的肿块。它们的细胞体积增大，染色体数量翻倍，细胞膨胀。这种染色体数量翻倍现象在后续的细胞分裂中继续进行，直到进一步的细胞分裂因为过于拥挤，无法完成必要的形态变化才停止。

喷洒过二氯苯氧乙酸除草剂的植物也会长出类似肿瘤的肿块。染色体变得短小、粗厚，聚集在一起。细胞分裂受到严重抑制。这种影响据说与 X 射线照射所产生的后果非常相似。

这些只是少数几个例子，实际上还有更多可以列举出来的案例。迄今为止，针对农药本身的致突变效应的检测还没有进行过全面的研究。上述提及的事实只是细胞生理学或遗传学研究的附带成果。现在迫切需要直接针对这个问题进行研究。

一些科学家虽然愿意承认环境辐射对人类的严重影响，但仍然怀疑致突变化学物质是否能产生相同的效果。他们引证了辐射的强大穿透力，怀疑化学物质能否到达生殖细胞。再者，对人类问题的直接研究还很缺乏，我们的认知因此而受限。然而，在鸟类和哺乳动物的性腺和生殖细胞中发现大量的 DDT 残留就是一个强有力的证据，说明氯化烃类物质不仅广泛分布于生物体内，还会接触到遗传物质。宾夕法尼亚州立大学的大卫 · E. 戴维斯教授最近发现了一种可以阻止细胞分裂的强效化学物质，其在癌症治疗中得到有限的应用，也可使鸟类不育。即便没达到致死的水平，该化学物质也能够阻止性腺中的细胞分裂。戴维斯教授在田野试验中取得了一些成功。显然，期望或坚信生物的生殖器官能免受环境中化学物质的影响的观点没有任何依据。

近期在染色体异常领域的医学发现极为引人关注且意义重大。1959 年，几个英国和法国的研究团队在各自独立的研究中得出了一个相同结论：人类的一些疾病是由染色体数目异常引起的。在这些团队研究的某些疾病和异常中，染色体数量与正常数量不一致。例如，目前已知所有典型的唐氏综合征患者都多了一条染色体。有时，这条多出来的染色体会附着在另一条染色体上，从而使染色体的数量保持在正常的 46 条。然而，通常情况下，这条多出来的染色体是独立存在的，染色体的总数变为 47 条。这些病人发生缺陷的根本原因一定是上一代出现了异常。

在一些美国和英国的慢性白血病患者中，发病的机制似乎有所不同。研究发现，这些患者的某些血液细胞中都存在染色体异常的情况。这种异常表现为部分染色体的缺失。在这些患者中，皮肤细胞的染色体数量是正常的。这表明染色体缺陷并非发生在形成这些个体的生殖细胞中，而是在个体生命过程中有些特定细胞（对于这些患者而言，是他们的血细胞前体）受到了损害。部分染色体的缺失可能剥夺了这些细胞的正常行为“指令”，从而导致疾病的发生。

自从人们开始关注这一领域，染色体异常与多种身体缺陷关联起来，而且这个清单还在以令人惊讶的速度不断增加，至今已超出医学研究的范畴。克莱费尔特综合征就是其中一种，这个病与性染色体的重复有关。患此病的男性由于携带了两个 X 染色体（即 XXY，而正常男性染色体应为 XY），因此在某些方面会表现异常。患者通常身高过高、有智力缺陷，并伴随着由此状况引起的不育。与此相对的是，若患者仅获得一个性染色体（即 XO，而不是 XX 或 XY），其性别实际上是女性，但缺乏许多第二性征，这种情况被称为特纳氏综合征。此症状伴随有多种身体缺陷（有时也包括智力缺陷），因为 X 染色体上携带着多种特征的基因。这两种情况早在其病因被发现之前，就已经在医学文献中有所记载。

许多国家的研究者都对染色体异常开展了大量的研究工作。由克劳斯·帕陶博士带领的威斯康星大学团队，一直在关注多种先天性异常。这些异常，通常包括智力迟钝，似乎是由于染色体的一部分重复所致，就好像在形成某一生殖细胞时，某条染色体发生了断裂，且其断裂的片段未能正确地重新分配。这种不幸很可能会干扰胚胎的正常发育。

根据现有知识，一条多出来的染色体通常是致命的，会阻止胚胎的存活。目前已知的多一条染色体还能存活的情况仅有三种，其中之一就是唐氏综合征。另一方面，附着的额外染色体片段虽然会严重损害个体，但不一定致命。威斯康星大学的研究人员认为，这种情况可能解释了大量目前尚未能解释的病例，比如一个孩子出生时伴有多重缺陷，通常包括智力迟钝。

染色体研究目前是一个全新的领域，科学家更多关注的是识别与疾病和发育缺陷相关的染色体异常，而不是深究引起这些异常的原因。若是认定某种单一的因素会损伤染色体或导致其在细胞分裂过程中行为异常，这显然是愚蠢的认知。然而，现在摆在我们面前的是这样一个事实：我们正在将大量化学物质释放到环境中，这些化学物质能直接作用于染色体，并精确地影响染色体，导致染色体异常。我们是否能够真的做到完全忽视这一事实呢？仅仅为了让土豆不发芽或者让院子里没有蚊子，我们要付出的代价是不是太大了？

如果我们愿意，完全有能力减少威胁我们基因遗产的因素。这份遗产经过约二十亿年的进化和细胞原生质的自然选择而传承下来，目前只是暂时属于我们，直到我们将其传递给我们的后代。然而，目前我们并未采取足够措施来保护其完整性。尽管法律要求化学品制造商对其生产的产品进行毒性测试，但他们并不需要进行其他相关测试来证明该产品不会影响遗传效应，实际上也没有这样做。

第十四章 每四个中就有一个

生物与癌症的斗争由来已久，其起源已无从追溯。这场斗争一定是在自然环境中拉开序幕的，当时地球上的生物，都得面对来自太阳、风暴以及地球上古已有之的种种或好或坏的影响。地球上的有些环境因素威胁着各种生物的生存，他们必须适应这些威胁，否则就会灭绝。例如，阳光中的紫外线辐射可能会引发恶性肿瘤。同样，某些岩石释放的辐射，或是从土壤和岩石中冲刷出来的砷污染了食物和水源，也可能诱发癌症。

在生命出现之前，自然环境中就已经有这些危险因素了；然后生命出现了，并在数百万年的演化中繁衍出无数的种类和形态。在自然界的漫长岁月中，生命与破坏性力量达成了一种平衡，自然选择淘汰了适应性较差的个体，只有最具抵抗力的个体存活下来。这些天然的致癌因子仍然是导致恶性肿瘤的因素之一，但数量不多，在生命从一开始就已经适应了的古老环境因素中，这些因素只是一部分。

随着人类的出现，情况开始发生变化，因为人类是所有生物中唯一能够制造出诱发癌症的物质的生物，这些物质在医学术语中被称为致癌物。一些人造致癌物已经存在于环境中数百年，例如，含有芳香烃的煤烟。随着工业时代的到来，世界面临着持续不断、日益加速的变化。自然环境迅速被新的化学和物理元素所取代，它们构成了一个人造环境，其中许多因素具有强大的能力，能够诱导生物变化。

人类面对自己创造的这些致癌物时并没有防护能力，因为尽管人类的生物学遗传在缓慢地进化，但其适应新环境的过程也同样缓慢。因此，这些强大的物质可以轻易击破人体脆弱的防线。

癌症有很长的历史，但我们对致癌因素的认识却进步很晚，也很不成熟。大约在两个世纪前，一位伦敦医生首次意识到外部或环境因素能够引发恶性肿瘤。1775 年，珀西瓦尔·波特爵士宣称，烟囱清扫工中普遍多发阴囊癌，这一定是由于他们体内积累的煤烟导致的。当时的他无法提供我们今天所要求的“证据”，但现代研究手段已经从煤烟中分离出致命的化学物质，证明了他的观点是正确的。

在波特的发现之后的一个多世纪里，人们并没有进一步意识到，通过反复的皮肤接触、吸入或吞咽环境中的某些化学物质，人类可能会得癌症。的确，人们已经注意到，在康沃尔和威尔士的铜冶炼厂及锡铸造厂，接触砷烟的工人皮肤癌发病率很高。人们也意识到，在萨克森的钴矿和波希米亚的约阿希姆斯塔尔的铀矿工作的工人容易患上一种肺部疾病，后来这种病被确认是癌症。但这些都是工业时代之前出现的现象，那时的工业还不够发达，其产品还没有渗入每一个生物所处的环境。

人们对恶性肿瘤的首次认识可以追溯到 19 世纪最后的 25 年里。大约在巴斯德证明许多传染病的微生物起源的同时，其他人发现了癌症的化学起源——萨克森的褐煤工业工人和苏格兰的页岩工业工人罹患的皮肤癌，以及其他由于职业接触焦油和沥青引发的癌症都说明了这一点。到 19 世纪末，人们已知的工业致癌物已有六种；20 世纪创造的无数新的致癌化学物质，普罗大众与它们密切接触。波特的研究成果出现不到两个世纪，地球的环境状况已经发生了巨大变化：不再只有特定职业才会接触到危险的化学物质，它们已经进入了每个人的生活环境，甚至包括尚未出生的胎儿。因此，现在我们看到恶性肿瘤病症在急剧增多，这是毫不出奇的。

癌症的增多并非人们的主观想象。1959 年 7 月，美国国家生命统计办公室的月度报告指出，包括淋巴和造血组织在内的恶性肿瘤造成的死亡人数，占 1958 年死亡总人数的 15%，而 1900 年这一比例仅为 4%。根据目前疾病的发病率，美国癌症协会估计，现有美国人中有 4500 万人最终将罹患癌症。这意味着有三分之二的美国家庭将受到恶性肿瘤的影响。

儿童患癌的情况更加让人揪心。25 年前，儿童患癌在医学上属于罕见病。现在，美国学龄儿童因癌症而死的案例多于任何其他疾病。儿童患癌的情况是如此严重，以至于波士顿建立了美国第一家专门治疗儿童癌症的医院。在美国 1 至 14 岁儿童的死亡中，有 12% 是由癌症造成的。临床上在许多 5 岁以下儿童身上发现了恶性肿瘤，而更加令人难过的事实是，其中大量病例来自新生或未出生的胎儿。美国国家癌症研究所的 W.C. 休珀博士是环境致癌研究领域的权威，他认为，先天性癌症和婴儿癌症可能与母亲在怀孕期间接触了致癌物质有关，这些致癌物质会穿透胎盘，作用于快速发育的胎儿组织。实验表明，动物在受到致癌剂影响时越年幼，就越容易患癌。佛罗里达大学的弗朗西斯·雷博士警告说："我们（向食物中）添加的化学物质，可能是如今的儿童癌症的诱发因素……我们可能需要一代至两代人的时间，才能知道这会带来哪些影响。"

这当中与我们息息相关的问题是，我们试图改变自然所使用的化学物质是否会直接或间接地成为致癌的因素。从动物实验中得到的证据来看，有 5 到 6 种杀虫剂必须被明确归类为致癌物，如果再算上那些被一些医生认为会导致人类患白血病的杀虫剂，那么这张清单将会大大加长。这些物质致癌的风险尚没有直接证据，因为我们不会在人类身上进行实验，但间接证据仍然令人印象深刻。还有些杀虫剂能作用于活体组织或细胞，而这些作用可能是导致恶性肿瘤的间接原因。如果这也算的话，那还有不少杀虫剂应加入这张清单。

最早发现的与癌症相关的农药之一是含砷制剂，砷以亚砷酸钠的形式存在于除草剂中，以砷酸钙的形式存在于杀虫剂中，还存在于其他多种化合物中。砷与人类癌症和动物癌症之间的关联由来已久。美国国家癌症研究所的休勃博士在其经典著作《职业性肿瘤》中提到了一个例子，这个例子值得我们注意。西里西亚的赖希斯坦因城一千年来几乎一直是金矿和银矿的开采地，几百年来也是砷矿的开采地。几个世纪以来，砷废物在矿井附近累积，从山上流下的溪流会把矿井附近累积的砷废物带走一部分。于是，地下水受到了污染，砷由此进入了居民的饮用水中。而这几百年里，这个地区的许多居民患了一种被称为“赖希斯坦因病”的疾病，此病慢性砷中毒所致，同时伴有肝脏、皮肤、胃肠和神经系统功能的紊乱。恶性肿瘤经常与这种病同时发生。赖希斯坦因病现在已经成为历史，因为 25 年前那里已经有了新的水源，其中的大部分砷元素已经被清除。然而，在阿根廷科尔多瓦省，由于含砷岩石层污染了饮用水，引发了砷性皮肤癌这种慢性砷中毒的地方病。

长期使用含砷杀虫剂，很容易产生与赖希斯坦因和科尔多瓦等地相类似的情况。在美国西北地区的烟草种植园、果园以及东部的蓝莓园里，土地都被砷浸透，很容易导致水源污染。

一个受砷污染的环境不仅影响人类，也会影响动物。1936 年，德国的一项报告引起了极大关注。在萨克森的弗赖贝格地区，银铅冶炼厂将含砷的烟雾排放到大气中，这些烟雾随风飘散到周边乡村，并落在植被上。休勃博士报告称，马、奶牛、山羊和猪都有毛发脱落和皮肤增厚的症状，当然，它们都是以这些植物为食料的。栖息在附近森林里的鹿有时会出现异常的色素斑点和癌前疣，其中一只有明显的癌变。无论是家养动物还是野生动物，都受到了“砷性肠炎、胃溃疡和肝硬化”的影响。靠近冶炼厂的羊患上了鼻窦癌，它们死亡之后，在其大脑、肝脏和肿瘤组织中都发现有砷的存在。在该地区，还出现了“昆虫，特别是蜜蜂死亡率异常的情况。同时，雨水冲刷掉树叶上的含砷尘土，将其带入溪流和池塘的水中，也导致了大量鱼类死亡”。

一个新型有机农药致癌的例子涉及一种广泛用于防治螨虫和蜱虫的化学制剂。它的应用历史充分证明，尽管立法提供了所谓的保护措施，但通过法律程序控制局面的过程非常缓慢，在那之前公众仍可能长期暴露于已知的致癌物之中。从另一个角度来看，这个故事也很有意思，它证明了今天公众不得不接受的“安全”物质，明天可能会变得极其危险。

当这种杀虫剂于 1955 年问世时，制造商申请了一个容染度值，即允许农作物在喷药后残留少量化学物质。根据法律要求，制造商在实验动物身上进行了测试，并在提交申请时附上了测试结果。然而，食品和药品管理局的科学家在解读这些测试结果时认为，这种杀虫剂可能具有致癌倾向。于是，他们建议采取零容忍政策，即任何残留物都不应出现在跨州运输、销售的食品中。然而，制造商根据法律提出了上诉，于是该案件被提交给一个委员会审查。该委员会采取了一个折中方案：将容染度设定为 1 ppm，并允许该产品上市两年，在此期间需进行进一步的实验室测试，以确定其是否真的具有致癌性。

尽管委员会没有明说，但其决定意味着公众将被当成小白鼠，与实验室里的狗和老鼠等动物一起被用于测试这种化学物质是否致癌。实验室动物更快给出了结果，两年后，有充分证据表明这种杀虫剂确实是一种致癌物。1957 年，即使在证据确凿，明明知道这种化学物质会致癌的情况下，食品和药品管理局也无法立即撤销这种致癌物残留在公众食品中的容染度值。各种法律程序至少还需要一年的时间才能完成。最终，在 1958 年 12 月，食品和药品管理局在 1955 年提出的零容忍政策才生效。

这些绝不是杀虫剂中仅有的能致癌的化学物质。在实验室中对动物进行的测试发现，DDT 引发了疑似肝脏肿瘤的疾病。食品和药品管理局的科学家报告了这些肿瘤的发现，他们不确定如何对这些肿瘤进行分类，但认为“可以将它们视为低级别肝细胞癌”。休勃博士现在明确将 DDT 纳入“化学致癌物”。

现已发现两种属于氨基甲酸酯类的除草剂（IPC 和 CIPC）能诱发老鼠的皮肤肿瘤，其中有些为恶性肿瘤。这些化学物质似乎会引发恶性病变，后来可能又受到外界盛行的其他种类的化学物质的影响，才促使病变全部形成。

除草剂氨基三唑曾在实验动物中引起甲状腺癌。1959 年，一些蔓越莓种植者滥用这种化学物质，导致部分上市的蔓越莓中有氨基三唑残留。美国食品和药品管理局查封了受污染的蔓越莓，引发了争议，许多人甚至包括一些医学人士都质疑这种化学物质是否具有致癌性。食品和药品管理局发布的科学研究结果明确显示，氨基三唑在实验室对老鼠的测试中显示出致癌性。这些实验老鼠被以含有 100 ppm 浓度氨基三唑（相当于每一万茶匙水中含一茶匙氨基三唑）的饮用水喂养，第 68 周开始，它们出现了甲状腺肿瘤。两年后，超过一半的受试老鼠出现了肿瘤，这些肿瘤有良性的，也有恶性的。即使在更低浓度的摄入水平下，这些肿瘤也会出现——实际上，没有发现哪种浓度不会致癌。当然，目前尚无人知道氨基三唑对人类的致癌剂量是多少，但正如哈佛大学医学院教授戴维・鲁特斯坦所指出的，当前作为除草剂使用的剂量可能与人利害攸关。

揭示新型氯化烃类杀虫剂和现代除草剂的全部影响，还需要很长的时间。大多数恶性肿瘤的发展都非常缓慢，可能需要相当长一段时间，受害者才会显现临床症状。20 世纪 20 年代初，一些在手表表盘上涂抹发光颜料的女工由于嘴唇接触到颜料刷而吞入少量的镭，其中一些女士在 15 年或更长时间后患上了骨癌。一些由职业暴露于化学致癌物引起的癌症，其发展期为 15 ～ 30 年，甚至更长。

与这些工业上接触各种致癌物质的情况相比，大约在 1942 年，军方人员首次接触 DDT，而平民则大约从 1945 年开始接触，直到 50 年代初，各种农药化学品才开始广泛使用。这些化学品所埋下的恶性肿瘤的种子还尚未完全成长起来。

大多数恶性肿瘤通常具有较长潜伏期，然而，有一个目前已知的例外情况——白血病。广岛的幸存者在原子弹爆炸 3 年后就开始出现白血病症状，现在有理由相信其潜伏期可能会更短。癌症的病程普遍具有发展缓慢的规律，其他类型的癌症可能也会有相对较短的潜伏期，但目前来看，白血病似乎是个例外。

在现代杀虫剂兴起的阶段，白血病的发病率一直在稳步上升。美国国家生命统计办公室的数据显示，造血组织的恶性病变呈现出显著增加的趋势，令人担忧。1960 年，仅白血病就夺去了 12290 人的生命，各类血液和淋巴恶性肿瘤造成的死亡人数为 25400 人，与 1950 年的 16690 人相比，急剧增加。每 10 万人中的死亡率从 1950 年的 11.1% 增加到 1960 年的 14.1%。这样的增长速度并非仅出现在美国，其他国家各年龄段的白血病死亡人数每年均以 4% ～ 5% 的速度上升。这意味着什么？如今人们越来越频繁地接触到哪种，或说哪些新的致命物质呢？

像梅奥诊所这样世界著名的机构收治了数百名患有造血器官疾病的患者。该诊所血液学部门的马尔科姆·哈格雷夫斯博士和他的同事报告称，几乎所有这些患者都有接触各种有毒化学物质的经历，包括含有 DDT、氯丹、苯、林丹和石油蒸馏物的喷雾剂。

哈格雷夫斯博士认为，与使用各种有毒物质相关的环境疾病的患病人数正在增加，“特别是在过去十年间”。根据他丰富的临床经验，他认为：“绝大多数有血液疾病和淋巴疾病的患者都有明确接触各种烃类物质的经历，而这些化合物包括了今天人们使用的大多数农药，仔细调查病史几乎总能发现这种关联。”这位专家现在积累了大量详细的病例，涵盖了他所见过的所有白血病、再生障碍性贫血、霍奇金淋巴瘤以及其他血液和造血器官疾病的患者。“他们都曾接触过这些环境致癌因素，且接触量相对较大。”他报告说。

这些病例说明什么？其中一个患者是一名讨厌蜘蛛的家庭主妇。她在八月中旬使用含有 DDT 和石油蒸馏物的气雾剂彻底喷洒了整个地下室，包括楼梯下、水果柜和天花板及椽子周围的所有隐蔽区域。

喷洒结束后，她开始感到非常不适，伴有恶心、极度焦虑和紧张。接下来的几天她感觉有所好转，然而她显然没有怀疑过自己的不适是什么原因引起的。九月，她再次重复了整个喷洒过程，经历了两轮喷洒—生病—暂时恢复—再次喷洒的循环。在第三次使用喷雾剂后，新的症状出现了：发热、关节痛等全身不适，并且一条腿出现了急性静脉炎。哈格雷夫斯博士给她检查时，发现她患有急性白血病，之后不到一个月，她就去世了。

哈格雷夫斯博士的另一名患者是一位专业人士，他的办公室位于一座蟑螂横行的旧楼里。他对这些蟑螂的存在感到困扰，于是决定亲自采取控制措施。一个星期天，他花了大半天的时间喷洒地下室和所有隐蔽区域，用的是浓缩液，以悬浮态存在于含 DDT 浓度为 25% 的甲基萘溶液。很快，他开始出现瘀血和出血症状，进入诊所时身上有多处出血。血液检查显示他患有严重的骨髓抑制，即再生障碍性贫血。在接下来的 5 个半月中，除了其他治疗，他还接受了 59 次输血，虽然情况有所好转，但大约 9 年后，还是发展成了致命的白血病。

在这些病例中，涉及的化合物有 DDT、林丹、六氯化苯、硝基酚类化合物，及常见的防蛀晶体二氯苯和氯丹，当然还有含有这些化合物的溶剂。正如这位医生所强调的，仅接触单一种化学制剂属于例外，而非常态。商业产品通常是含有几种化合物的组合，悬浮在石油馏分液中，再加上一些分散剂。溶剂中的芳香环和不饱和碳氢化合物本身可能是对造血器官造成损害的主要因素。然而，从实际操作而非是医学角度来看，作出这一区分的意义不大，因为大多数喷药作业都离不开这些石油溶剂。

国内外的医学文献中包含了许多重要病例，这些病例能够支撑哈格雷夫斯博士关于这些化学物质与白血病和其他血液疾病之间存在因果关系的观点。这些病例涉及许许多多这样的普通人：被困于他们自己的喷洒设备或飞机喷洒出的“落尘”中的农民，一名在喷洒杀虫剂驱赶蚂蚁后留在房间内学习的大学生，一名在家安装了便携式林丹蒸汽雾化器的妇女，一名在喷洒了氯丹和八氯莰烯的棉田中工作的工人。在医学术语的隐藏下，这些病例隐隐透露着许多人间悲剧。比如捷克斯洛伐克的一对年轻表兄弟，他们住在同一个小镇，一直一起工作和玩耍。他们的最后一份也是最致命的工作，是在一个农场合作社卸下装有杀虫剂六氯化苯的麻袋。8 个月后，其中一个男孩突然患上急性白血病，并在 9 天后去世。差不多在同一时段，这对表兄弟中的另一个也开始感到疲倦并发烧。大约 3 个月后，他症状加重住院了。他同样被诊断为急性白血病，也同样因此丧命。

还有一名瑞典农民，他的奇怪状况会让人联想到金枪鱼捕捞船“幸运龙”号上的日本渔民久保山的情况。与久保山一样，这个农民曾是一个健康的人，像久保山在海上谋生一样，他在陆地上辛苦劳作谋求生计。对这两人而言，他们的死亡都是一种飘浮在空气中的有毒物质所带来的。对久保山来说，是辐射污染的灰烬；而对这个农民来说，则是化学粉尘。这个农民用含有 DDT 和六氯化苯的粉尘处理了大约 60 英亩的土地。当他工作时，一阵风吹来，把一小团一小团的化学粉尘吹得四处飞扬。隆德医疗诊所的报告说：“傍晚，他感到异常疲倦，随后几天他感到全身无力，背部疼痛，双腿酸痛，还有寒战，不得不卧床休息。然而，他的病情开始恶化，5 月 19 日，在喷洒一周后，他申请住院治疗。”他发高烧，血液检查异常，随后转入医疗诊所，经过两个月的疾病折磨，他去世了，尸检结果显示，他的骨髓已经完全萎缩。

细胞分裂这样一个正常且必要的过程是如何被改变，进而变得异常和具有破坏性的？这个问题不仅吸引了无数科学家的关注，也吸引了大量资金的投入。细胞中究竟发生了什么，使得有序的分裂增长变成了癌细胞疯狂、不受控制地增殖？

几乎可以肯定的是，等我们找到答案时，原因一定是多种多样的。正如癌症本身是一种具有多种表现形式的疾病，其病源、发展过程以及影响其生长或衰退的因素都各不相同，因此，癌症必定会有相应的多种多样的病因存在。然而，也许所有这些原因背后只有几种基本类型的细胞损伤。在世界各地各种类型的研究中，有些研究甚至根本不是以癌症为研究对象，我们偶尔会看到一些初步的线索，这些研究可能会最终成为解开这一谜题的第一缕曙光。

我们再次发现，只有通过观察生命中最小的单位——细胞及其染色体，才能获得广阔的视野来揭开这些谜团。在这个微观世界中，我们需要找出到底是什么因素改变了细胞正常运作的神奇机制。

关于癌细胞的起源，最令人印象深刻的理论之一是由德国的奥托·瓦尔堡教授提出的，他是马克斯·普朗克细胞生理学研究所的一名生物化学家。瓦尔堡毕生致力于研究细胞内复杂的氧化过程。他在广泛的基础研究上，提出了一个清晰的解释，说明了正常细胞是如何变成恶性肿瘤细胞的，这一解释吸引了很多人的注意。

瓦尔堡认为，辐射或化学致癌物通过破坏正常细胞的呼吸作用而剥夺细胞所需的能量，这种作用可能是由经常重复的微小剂量引起的，一旦这种作用发生，就不可逆转。细胞正常的呼吸作用被破坏后，没有被直接杀死，而是努力弥补能量的缺失，它们再也无法继续原来那个非凡而有效的循环，产生大量 ATP，而是回到了一个原始且低效的方式——通过发酵作用进行呼吸。通过发酵进行呼吸的生存努力会持续很长一段时间，会在随后的细胞分裂中延续，因此所有后代细胞都采用这种异常的呼吸方式。也就是说，一旦细胞失去了正常的呼吸功能，它就无法恢复，无论是一年、十年，还是很多年。但在这种为恢复失去的能量而进行的激烈斗争中，那些存活下来的细胞开始一点一点地通过增加发酵来补偿失去的能量。这是一场物竞天择的斗争，只有最适应或最强健的细胞才能够生存下来。最终，这些细胞达到了这样一种状态，在这种状态下发酵作用能够像呼吸作用一样产生足够多的能量。至此，可以说癌细胞已经从正常身体细胞中产生了。

瓦尔堡的理论解释了许多原本令人困惑的现象。大多数癌症的长潜伏期是无数次的细胞分裂所需的时间，这些细胞在最初的呼吸损伤后，发酵作用逐渐增加。细胞通过发酵获取能量逐渐占据主导地位，这一过程所需的时间在不同物种之间有所不同，这取决于不同的发酵速率：在老鼠体内发酵时间较短，癌症出现得快；而在人体中发酵时间较长，有时长达数十年，因此恶性肿瘤的发展是一个缓慢的过程。

瓦尔堡的理论还解释了为什么在某些情况下，反复接触小剂量致癌物比单次接触大剂量更危险，因为后者可能会直接杀死细胞，而前者则允许一些细胞以受损状态存活，这些幸存的细胞可能会发展成癌细胞。这就是为什么对致癌物来说，不存在什么“安全剂量”。

瓦尔堡的理论同时解释了另一个我们通常难以理解的事实——同一个物质既能用于治疗癌症，又能导致癌症。众所周知，辐射就具备这种特性，它能够杀死癌细胞，但也可能诱发癌症。许多现在用于癌症治疗的化学品也具有类似的双重作用。为什么会这样？因为这两种物质都会破坏细胞的呼吸作用。而癌细胞的呼吸作用本身已经有缺陷，因此它们会因额外的损伤而死亡。而正常细胞在首次受到呼吸损害时并不会死亡，但这种损害可能导致最终的癌变。

瓦尔堡的观点在 1953 年得到其他研究人员的验证。他们通过在长时间内间歇性地剥夺正常细胞的氧气，将其转化为癌细胞。1961 年，来自活体动物而非组织培养动物的实验又一次验证了瓦尔堡的观点。在这次研究中，实验人员将放射性示踪剂注入患有癌症的老鼠体内，通过对其呼吸进行仔细测量，发现发酵速率明显高于正常水平，这与瓦尔堡的推测正好一致。

按照瓦尔堡设定的标准，绝大多数的化学农药都符合“完美致癌物”的标准，这个结论令人不安。正如我们在前面章节所述，许多氯化烃、酚类化合物以及一些除草剂会干扰细胞内的氧化过程和能量生产。通过这些方式，它们可能会制造出休眠的癌细胞，这些细胞中不可逆的癌变将会长时间潜伏且不被察觉，直到最终在其原因早已被遗忘甚至未被怀疑之时突然爆发成为显性的癌症。

另一种可能导致癌症的路径是通过染色体。这一领域许多杰出的研究人员会秉持怀疑的态度看待任何能够损害染色体、干扰细胞分裂或引起突变的物质。在他们看来，任何突变都是癌症的潜在原因。尽管突变的讨论通常指的是生殖细胞中的突变，这些突变可能会对后代产生影响，但身体细胞也可能发生突变。根据癌症起源的突变理论，一个细胞可能在辐射或化学物质的影响下发生突变，摆脱了机体对细胞正常分裂的控制，因此，它能够以一种野蛮且不受控制的方式增殖。分裂产生的新细胞具有相同的逃避控制的能力，随着时间的推移，这些细胞累积得足够多时，便会形成癌症。

其他一些研究人员指出，癌症组织中的染色体是不稳定的，它们容易断裂或受损，数量可能也不正常，甚至可能出现双倍的染色体。

最早追踪染色体异常与实际恶性肿瘤之间关系的研究者是阿尔伯特·莱万和约翰·J. 比塞尔，他们在纽约的斯隆－凯特琳癌症研究所工作。关于是恶性肿瘤先发生，还是染色体的异常先出现，他们毫不犹豫地表示："染色体不规则性在恶性肿瘤出现之前就已经存在。"他们推测，在初次染色体损伤和由此产生不稳定性之后，可能会有一个漫长的试错期，跨越许多代细胞（这就是恶性肿瘤的长潜伏期），在这个过程中积累了一系列突变，最终让细胞逃脱机体的控制，开始疯狂增殖，从而形成癌症。

欧文德·温格，早期染色体不稳定理论的倡导者之一，他认为染色体倍增的现象尤为关键。研究人员已反复观察到六氯化苯和与之相类似的林丹能在实验植物中引起染色体倍增，而这些化学物质同时也与许多记录在案的致命贫血病例有关，那么，这仅是巧合吗？除此之外，还有许多其他杀虫剂能够干扰细胞分裂、破坏染色体、引发突变，这些又该如何解释？

我们很容易理解为什么白血病是暴露于辐射或接触到类辐射的化学物质后最常发生的疾病之一。物理或化学诱变剂的主要目标是那些异常活跃的细胞分裂，这包括各种组织细胞，尤其是造血细胞。骨髓是生命体红细胞的主要生产者，每秒钟向人体血液输送约 1000 万个新细胞。白细胞在淋巴结和一些骨髓细胞中以不断变化的、但仍然惊人的速率形成。

某些化学物质，让我们又想起像锶-90这样的辐射产物，它们对骨髓尤为偏爱。苯作为杀虫剂的常见成分之一，已知能在骨髓中停留长达20个月之久。很多年来，苯在医学文献已经被公认为是白血病的致病因素之一。

儿童快速发育的身体组织也为恶性细胞的生长提供了理想的环境。麦克法兰·伯内特爵士指出，白血病的数量不但在全球范围内增加，而且是3～4岁儿童最常见的疾病，这个年龄段的儿童其他疾病的发病率都没有这么高。作为这方面的权威，他说："3～4岁儿童中白血病高发只能是因为在新生儿时期接触到了诱变因素，除此以外，很难找到其他的解释。"

已知的另一种能够引发癌症的诱变剂是尿烷。当怀孕的老鼠接触这种化学物质时，不仅它们自己会患上肺癌，它们的幼崽也会。在这些实验中，幼鼠唯一接触尿烷的渠道是在妈妈肚子里，这证明这种化学物质一定是通过胎盘进入幼鼠体内的。休勃博士曾警告过：在接触过尿烷或其有关化学物质的人群中，婴儿有可能因为在出生前接触过而患上肿瘤。

尿烷作为一种氨基甲酸酯类化合物，其化学成分与除草剂IPC和CIPC相似。尽管癌症专家多次警告，但氨基甲酸酯类化合物目前仍被广泛使用，不仅用作杀虫剂、除草剂和杀菌剂，还广泛用于塑化剂、药物、衣物和绝缘材料等多种产品中。

引发癌症的路径也可能是间接的，某些物质在一般意义上不是致癌物，但它们通过干扰身体某部分的正常功能，也可能会引发恶性肿瘤。一个重要的例子就是生殖系统的癌症，它们似乎与性激素水平紊乱相关。这些紊乱在某些情况下可能是由影响肝脏维持激素平衡的物质引起的。氯化烃类产品正是能够引发这种间接致癌作用的物质，因为在某种程度上，它们对肝脏都有毒性。

正常情况下，人体内的性激素发挥着刺激各种生殖器官生长的必要作用。肝脏有助于保持雄激素和雌激素之间的适当平衡（两种激素在两性体内均有产生，但数量不同），并防止任何一种激素的过量累积，这是身体内在的保护机制。然而，如果肝脏遭到疾病或化学物质的损害，或者 B 族维生素的供应减少，那么它将无法维持这种平衡。在这种情况下，雌激素会积累到异常高的水平。

雌激素水平过高的后果是什么呢？有大量的实验证据能揭示在动物身上产生的后果。例如，洛克菲勒医学研究所的一位研究者发现，如果兔子的肝脏因疾病受损，那么这些兔子患子宫肿瘤的概率非常高。他认为这些肿瘤的形成是由于肝脏失去抑制血液中雌激素的功能，导致雌激素“上升至致癌水平”。对老鼠、豚鼠和猴子的大量实验表明，长期服用雌激素（不一定是高剂量）会使生殖器官组织发生变化，导致“从良性增生到明确的恶性肿瘤”。对仓鼠的实验表明，服用雌激素会诱发肾脏肿瘤。

尽管医学界对此存在分歧，但有大量证据证明，类似的结果也可能在人类的身体组织中发生。麦吉尔大学皇家维多利亚医院的研究人员发现，他们研究的 150 例子宫癌中，有三分之二病例的雌激素水平都异常的高。在后来的 20 个病例中，90% 也表现出类似的高雌激素水平。

肝脏中有可能存在足以干扰或消除雌激素的损伤，但目前的医学手段无法检测到这种损伤。氯化烃很容易引起这种情况，正如我们所看到的，它们在非常低的摄入量下就能引起肝细胞的变化，还会导致 B 族维生素的流失，这一点非常重要，因为其他一系列证据表明 B 族维生素具有防癌作用。已故的 C.P. 罗兹博士曾是斯隆 – 凯特琳癌症研究所的主任，他发现接触强效化学致癌物的实验动物，如果服用了酵母（富含天然 B 族维生素），则不会发展成癌症。B 族维生素的缺乏与口腔癌，甚至可能与消化道其他部位的癌症相关联。这种情况不仅发生在美国，也发生在瑞典和芬兰的北部地区，因为这些地区的饮食习惯普遍缺乏维生素。容易患原发性肝癌的群体，例如非洲的班图部落，通常也营养不良。非洲某些地区男性乳腺癌发病率高，这也与肝脏疾病和营养不良有关。在战后的希腊，男性乳腺肿大是饥荒时期常见的症状。

简而言之，主张杀虫剂在癌症中起间接作用的论点，是基于它们已被证实能够损害肝脏和减少 B 族维生素的供应，从而导致内源性雌激素（即由身体自身产生的雌激素）水平增加。除此之外，我们还会接触到各种合成雌激素，包括化妆品、药物、食品中的及职业接触中的雌激素。这些多重因素的综合效应是特别值得关注的问题。

人类接触致癌化学物质（包括农药）的情况没有得到有效控制，而且接触方式多种多样。一个人可能会多次以不同方式接触同一种化学物质，砷就是一个例子。砷以多种形式存在于我们的生活环境中：作为空气污染物、水污染物、食品上的农药残留、药品、化妆品、木材防腐剂，或作为涂料和墨水中的着色剂。这些单一的接触方式可能不足以直接引发恶性肿瘤，但任何一个所谓的“安全剂量”都可能成为已经累积了其他“安全剂量”的天平上的最后一根稻草，从而引发癌症。

或者，伤害可能是由两种或更多种不同的致癌物共同作用导致的，它们的效应会叠加。例如，接触 DDT 的人几乎一定也会接触到其他有损肝脏的烃类化合物，因为这些物质被广泛用作溶剂、去污剂、除油剂、干洗液和麻醉剂。那么，DDT 的“安全剂量”到底有什么意义呢？

一种化学物质可能会作用于另一种化学物质，从而改变其效果，这样局面就变得更加复杂。癌症的诱发有时可能需要两种化学物质的协同作用，其中一种使细胞或组织变得敏感，另一种则促进其发展为真正的恶性肿瘤。除草剂 IPC 和 CIPC 可能在皮肤肿瘤的产生过程中起到引发作用，播下恶性肿瘤的种子，这些种子可能经过其他物质（如常见的洗涤剂）的作用最终发展为真正的癌症。

这种情况因物理和化学因素之间的相互作用而变得更加复杂。白血病的发生过程有两个步骤，其中 X 射线引发了恶性变化，某种化学物质（如尿烷）则起到促进作用。人类越来越频繁地接触到各种来源的辐射，同时还有大量的化学物质，这使现代世界面临严峻的新问题。

放射性物质对水源的污染又是另一个问题。此类物质作为污染物存在于水中，而水中又含有其他化学物质，前者可能通过电离辐射的作用改变这些化学物质的性质，以不可预测的方式使它们的原子重新排列，从而创造出新的化学物质。

洗涤剂是一种特别常见的污染物，现在成了公共供水系统中的一个麻烦，美国各地的水污染专家都对它的影响表示担忧，但目前几乎没有什么切实可行的方法能够去除它们。虽然已知的致癌洗涤剂很少，但它们可能通过间接作用诱发癌症，还可以作用于消化道的内壁组织，使其更容易吸收有害的化学物质，从而加重它们的损伤。但是，谁能够预见并控制这一作用呢？在错综复杂、不断变化的条件下，除了零剂量，什么剂量的致癌物可以被认为是“安全”的呢？

我们对环境中的致癌物质的容忍，使自身处于极大的风险中，最近发生的事件充分说明了这一点。1961 年春季，美国许多联邦、州一级和私人鱼苗场的虹鳟鱼爆发了肝癌。无论是东部还是西部的虹鳟鱼都受到了影响；在一些地区，几乎所有超过三岁的虹鳟鱼都得了癌症。之所以会有这一发现，是因为美国国家癌症研究所的环境癌症科和鱼类及野生动植物管理局之间的事前安排，他们要求各地报告所有患有肿瘤的鱼类，以便尽早预警水中污染物对人类的癌症威胁。

尽管目前该研究仍在继续，以确定这一流行范围如此之广的肝癌的确切原因，但最有力的证据指向了鱼苗场饲料中存在的某种物质。除了基本的食物成分，让人难以置信的是，这些饲料中还含有多种化学添加剂和药物。

虹鳟鱼的故事之所以重要，原因有很多，但最重要的是它展示了一种强力致癌物质进入环境后可能带来的后果。休勃博士将这次流行病看作一个严肃的警示，提醒人们必须加大对控制环境致癌物的数量和种类的关注。休勃博士说："如果不采取预防措施，那么类似灾难发生在人类身上的概率将会显著增加。"

正如一位研究者所说，我们生活在一个"致癌物的海洋"中，这一发现令人沮丧，并且很容易导致绝望和失败的反应。"这不是一个无望的情况吗？"是常见的反应。"是不是根本不可能把这些致癌物质从我们的世界消除？是不是不应该再浪费时间，而应该把所有精力都投入治疗癌症的特效药的研究中呢？"

当面对这个问题时，在癌症领域有丰富工作经验的休勃博士，他的回答值得我们的尊重和深思。他深思熟虑后，基于他一生的研究和经验进行判断，做出了一个全面的回答。休勃博士认为，我们今天在癌症问题上的处境与19世纪末人类面临的传染病问题非常相似。巴斯德和科赫通过他们的杰出工作，确立了致病微生物与多种疾病之间的因果关系。医学界，甚至普通公众都逐渐意识到，人类环境中充斥着大量能够引发疾病的微生物，就像今天，致癌物质遍布我们的周围。如今，大多数传染病已得到了合理的控制，有些甚至已被彻底消除。这一辉煌的医学成就正是通过一种双管齐下的攻势实现的——既强调预防，又强调治疗。尽管"神奇子弹"和"奇迹药物"在普通人心中很重要，但在抗击传染病的决定性战役中，主要措施是阻断感染源。一百多年前，伦敦爆发的霍乱疫情就是历史的证据。当时，伦敦医生约翰·斯诺绘制了病例分布图，发现所有患者都来自同一地区，该地区的居民都从位于布罗德街的一口水井取水。斯诺医生迅速且果断地将水泵的手柄拆除，霍乱疫情因此得到控制——不是通过一颗能杀死霍乱病原体的"神奇药丸"，而是通过从环境中去除病原体。甚至从治疗手段来看也是这样，消灭感染源比治愈患者更能取得成效。现在结核病相对罕见，很大程度上是因为普通人很少接触到结核杆菌。

如今，我们发现我们所处的世界充斥着各种致癌物质。休勃博士认为，如果我们在对抗癌症的行动中完全或主要集中于寻找治疗措施（即使假设能找到“特效药”），那注定会失败，因为这种做法忽视了环境中大量的致癌物质，这些物质会继续快速地影响新受害者，其速度远远超过“特效药”治疗疾病的速度。

预防为主是常识，那为什么我们在预防癌症的问题上迟迟没有开展行动呢？休勃博士认为，可能是因为“治愈癌症患者的目标更令人兴奋、更具体、更迷人、更有回报，相比之下预防就显得不那么吸引人”。然而，防止癌症的发生是“绝对更人道”的，也比治疗癌症“更有效”。休勃博士无法容忍那些期望“我们每天早晨吃一颗神奇药丸”以防癌症的想法。公众之所以会有这种期望，部分是因为对癌症的误解，他们认为癌症是单一的、神秘的疾病，有一个单一的原因并且希望有单一的治疗方法。当然，我们知道，这远非已知的真相。正如环境诱发的癌症是由多种化学和物理因素引发的，癌症的恶性状况本身也有许多生物学上独特的表现。

这种期望已久的“突破”，无论什么时候到来，都不可能成为所有类型癌症的万能药。尽管我们必须继续寻找治疗措施，以缓解并治愈那些已经患癌的受害者。但对人类来说，寄希望于解决方案能一下子突然到来，无疑是一种误导。解决方案必将是缓慢地、一步步地推进的。同时，当我们将数百万美元资金投入癌症治疗研究中，寄所有希望于通过庞大的项目来找到治愈癌症的方案时，我们忽视了预防的黄金机会。在寻找治疗方法的同时，预防工作也至关重要。

这项任务绝不是没有希望的。从一个重要方面来说，现在的前景比 19 世纪末传染病的情况更令人受鼓舞。当时，世界充满了病菌——正如今天充满了致癌物质——但人类并不是故意把这些病菌放入环境中，只是无意识地传播了它们。相比之下，当前人类已将绝大多数致癌物质投入环境中，如果愿意，人类完全可以消除其中许多致癌物。癌症的化学媒介以两种方式在我们的世界中根深蒂固：首先，极具讽刺的是，它们是在人类寻找更好、更轻松的生活方式的过程中进入的；其次，这些化学物质的生产和销售已经成为我们经济和生活方式的一部分。

认为所有化学致癌物质都能或将能从现代世界中被消除，这是不切实际的想法，但其中很大一部分化学致癌物并非生活的必需品。若能消除这些不必要的物质，致癌物质的总量将大大减少，而“每四个人中就有一人会得癌症”的威胁也将得到缓解。我们应该下定决心消除那些正在污染食物、水源和大气的致癌物质，因为这些物质造成了最危险的接触方式——微量的接触，年复一年地累积。

癌症研究领域的许多杰出学者都认同休勃博士的观点，他们认为通过坚定不移地努力，去识别环境引发癌症的因素，消除或减少它们的影响，可以显著减少癌症的发生。对于那些已经被癌症侵害、无论是隐性还是显性的患者，当然必须继续努力寻找治愈方法。然而，对于那些尚未受疾病影响的人群，特别是未出生的后代，预防是当务之急。

第十五章
自然的回击

我们耗费心血试图将自然塑造成我们满意的样子，却未能如愿，结局实在讽刺。然而，这似乎正是我们的现状。一个鲜少有人提及但显而易见的事实是，人类无法轻易塑造自然，昆虫总能找到方法来规避我们对它们的化学攻击。

荷兰生物学家C.J.布里耶尔曾说："昆虫世界是自然界最令人惊叹的现象。在昆虫界，凡事皆有可能，即便是最不可能的事情也常常发生。即使有人对其奥秘了如指掌，仍会屡屡屏息惊叹，他知道一切皆有可能，而完全不可能的事情也时常发生。"

"不可能"的事情正在两个广泛的领域中发生。通过遗传选择，一些昆虫对化学物质产生了抗药性，下一章将讨论这一点。但我们现在应关注更广泛的问题：自然环境本有一套制衡各物种的防御机制，而我们发动的化学攻击正在削弱这一机制。我们每破坏这些防御一次，就有一大群昆虫涌入。

从世界各地传来的报告指明，我们正处于严重的困境之中。在进行了十多年密集的化学控制后，昆虫学家发现，一些他们几年前认为已经解决的问题，又卷土重来，困扰着人们。此外，还出现了新的问题：一些昆虫曾经数量很少，并不足以引起重视，后来却演变成严重虫害。就其本质而言，化学控制弄巧成拙。因为人类在设计和应用化学控制时，并未将其所针对的复杂生物系统纳入考量。化学药剂或许已经在几个物种中进行了预测试，但并未考虑到整个生态系统。

现在，在某些领域，有一种观点广为流行——人们认为自然平衡是早期简单世界的一种状态，而现在这种状态现已被彻底打破，我们不妨将其完全抛诸脑后。这种假设能便利某些人，但将其作为行动指南则非常危险。虽然如今的自然平衡与更新世时期不同，但一个复杂、精确且高度整合的生物间的关系系统仍然存在，完全不能被忽视，就像站在悬崖边上的人不能肆意藐视重力定律一样。自然的平衡不是一成不变的状态，而是流动的，永远在变化，始终处于调整之中。人类也是这种平衡的一部分。有时平衡对人类有利；有时——而且往往是由于人类自己的活动——平衡转向人类的对立面。

人们在设计现代昆虫控制方案时，忽视了两个至关重要的事实。第一，真正有效的昆虫控制是由自然界完成的，而不是人类。一种生态学家称为环境防御的机制控制着昆虫种群，自地球上第一个生命诞生起，便是如此。食物的数量、天气和气候条件、竞争或捕食性物种的存在等，都是极其重要的因素。正如昆虫学家罗伯特·梅特卡夫所说："阻止昆虫占领世界其他地区的最大因素是昆虫内部的自相残杀。"然而，目前使用的许多化学制剂会杀死所有昆虫，无论是益虫还是害虫。

第二个被忽视的事实是，一旦环境的抵抗力减弱，一个物种的繁殖能力就会爆发性地增强。许多生物的繁殖力几乎超出我们的想象，尽管我们偶尔能窥见一些暗示。我记得在学生时代，只需往装有干草和水的混合物的瓶子里，加入几滴成熟的原生动物培养物，就能创造奇迹。几天之内，瓶子里便会有一整群转来转去、快速游动的草履虫，每个都小如尘埃，都在它们短暂的伊甸园中无限制地繁殖，那里温度适宜、食物充足且没有天敌。这又让我想起海岸的岩石，目光所及之处皆是白色藤壶，无边无际；还有穿行于一大群水母中的景象，水母绵延不断，似乎没有尽头，它们如幽灵般若隐若现，几乎与海水融为一体。

当鳕鱼穿过冬季的海洋洄游产卵地时，我们看到了自然控制的奇迹，每条雌性鳕鱼都产下几百万颗卵。然而，并非所有的鳕鱼卵都能存活，否则海洋将充斥密密麻麻的鳕鱼群。大自然的制衡机制是如此运作的：每对鳕鱼生产的数百万条幼鱼中，只有一定数量的幼鱼能活到成年，取代它们的父母。

生物学家过去常常喜欢推测，如果发生某种难以想象的灾难，没有了自然限制，使得每只生物的所有后代都能幸存下来，会发生什么。一个世纪前，托马斯·赫胥黎曾计算过，一只雌性蚜虫（假设它具有不交配就能繁殖的神奇能力）在一年的时间里产下的所有后代，其总重量等于当时全体中国人的总重量。

幸运的是，这种极端情况只是理论上的，但扰乱自然秩序所带来的可怕后果，已为动物种群研究者所熟知。牧场主热衷于消灭郊狼，导致田鼠泛滥成灾，而此前，田鼠数量正是由郊狼所控制。另一个例子就是亚利桑那州凯巴伯森林中鹿群的故事。曾经，鹿群的数量与环境保持平衡，狼、美洲豹和郊狼等捕食者控制着鹿群数量，以免鹿群数量的增长超过它们食物的可供应量。后来，人们开始了一场捕杀天敌、“保护”鹿群的运动。没有了天敌，鹿群迅速繁殖，它们很快就没有足够的食物，树上剩下叶子的部位越来越高，最终死于饥饿的鹿比以往被捕食者杀死的要多得多。整个环境也因鹿群拼命寻找食物而受到了破坏。

田野和森林中的捕食性昆虫，与凯巴伯森林里的狼和郊狼扮演着相同的角色。消灭它们，被捕食昆虫的数量就会激增。

人们尚不清楚地球上到底有多少种昆虫，因为许多昆虫物种尚未为人所知。但目前已有记录的昆虫物种超过 70 万种。这意味着，就物种数量而言，地球生物中的 70% ～ 80% 是昆虫。这些昆虫中的绝大多数受到自然力量的制衡，无需人类的任何干预。若无自然的制衡机制，任何能想象到的化学物质的量或其他手段均难以有效遏制它们的繁衍。

问题在于，我们往往要等到这种自然天敌所提供的保护作用失效，才意识到它的作用。大多数人行走在世间，目光并未真正触及周遭的美景、奇迹，以及那些在我们周围生活着的、既奇异又令人畏惧的生命力量，因此，只有很少人知道昆虫捕食者和寄生虫之间的活动。也许我们曾注意到花园里有一只外形奇特、面目凶猛的昆虫，或隐约意识到螳螂以其他昆虫为食。然而，只有当我们在夜色中，手持手电筒漫步于花园，偶然间瞥见螳螂悄悄逼近猎物时，我们才会理解我们所看到一切。那时，我们才感受到猎人与猎物之间的戏剧性。那时，我们方能感受到大自然用以维持自身平衡的、无情的、压倒性的力量。

捕食性昆虫种类繁多，它们捕杀并食用其他昆虫。有些昆虫行动迅速，像燕子一样从空中捕捉猎物。其他的则缓慢而有条理地沿着茎秆移动，逐个拔下并吞食像蚜虫这样的静止昆虫。黄蜂捕捉软体昆虫，将其汁液喂给自己的幼虫。泥蜂在屋檐下筑起柱形的泥巢，并将昆虫储存在其中供幼虫食用。马蜂在吃草的牛群上空悬停，消灭折磨它们的吸血苍蝇。嗡嗡作响的食蚜蝇，常常被误认为是蜜蜂，在被蚜虫侵袭的植物叶片上产卵，孵化出的幼虫会吞食掉大量蚜虫。瓢虫是蚜虫、介壳虫和其他植食性昆虫最有力的捕食者，单只瓢虫便能消耗数百只蚜虫，来获取所需的能量，以供它产下一窝卵。

寄生性昆虫的习性更为奇特。它们不会直接杀死宿主，相反，它们不断调整适应，利用宿主的养分来养育自己的后代。它们可能将卵产在寄主的幼虫或卵内，这样孵出的幼虫就能通过吞食宿主来获取食物，得以生长。有些通过黏性溶液将卵附着在毛虫上，孵化后的幼虫会钻入宿主的皮肤。其他昆虫，在一种类似先见之明的本能驱动下，仅将卵产在叶片上，以便觅食的毛毛虫无意中将它们吞食。

在田野、树篱、花园和森林，昆虫的捕食者和寄生虫正在工作。蜻蜓在池塘上空飞舞，在阳光照耀下，它们的翅膀上闪烁着火焰般的光芒。它们的祖先曾在巨型爬行动物生活的沼泽中飞行。如今，依然像在古代那样，眼尖的蜻蜓将腿围成一个篮子的形状，用来兜住蚊子。在水中，蜻蜓的幼虫（水蚤）则捕食水生阶段的蚊子和其他昆虫。

或许在叶片上，几乎与叶子融为一体的是草蜻蛉，它的翅膀如绿色的纱网，眼睛则是金色的，既羞涩又神秘。草蜻蛉源自一种生活在二叠纪时期的古老物种。草蜻蛉的成虫主要以植物花蜜和蚜虫的蜜露为食，随着时间的推移，它将卵产在细长的茎上，把卵和一片叶子连在一起。这些卵中将孵化出奇特的、带刺毛的幼虫（蚜狮）它们通过捕捉和吸食蚜虫、介壳虫或螨虫等生存。每只蚜狮在生命周期内都可能消耗数百只蚜虫，直到它开始结白色丝茧，进入蛹期。

此外，还有许多黄蜂和苍蝇，它们的生存完全依赖于通过寄生行为破坏其他昆虫的卵或幼虫。其中一些卵寄生虫是一种体形微小的黄蜂，它们数量庞大，极为灵活，能有效地控制许多农作物害虫的数量。

这些小生物无时无刻不在工作。不管是晴天还是雨天，白天还是黑夜，即使寒冬抑制了生命的活力，仅剩微弱的余温时，它们依然在工作。这支重要的力量静候春天的到来，以期重新焕发活力。与此同时，在白雪覆盖之下、在冻结的土壤深处、在树皮的缝隙和隐蔽的洞穴中，寄生虫和捕食者已经找到了各自的越冬之处。

螳螂的卵由母螳螂产在薄膜状的卵囊里，附着在灌木的枝条上，而母螳螂在刚刚过去的夏天走完了她的生命旅程。

雌纸黄蜂藏身于某个阁楼被遗忘的角落中，体内携带着受精卵，这些卵是整个蜂群的未来。作为唯一的幸存者，她将在春天开始建造一个小纸巢，在巢室产下几枚卵，并小心抚育出一小群工蜂。在它们的帮助下，纸黄蜂将扩建巢穴，发展整个蜂群。然后，工蜂们将在炎热的夏日里不停外出觅食，消灭掉成千上万的毛毛虫。

因此，这些昆虫的生活方式以及我们自身的需求，使自然平衡站在对我们有利的这一边。所有这些昆虫都是我们的盟友，然而，我们却将炮火对准了这些盟友。可怕的危险是，我们严重低估了它们在遏制敌人泛滥中所起到的作用，如果没有它们的帮助，我们可能会不堪重负。

随着杀虫剂的数量、种类不断增加，破坏力不断增强，环境抵抗力全面持续下降成为愈发严峻的现实。随着时间的推移，我们可能会面临比以往任何时候都更严重的虫害爆发，无论是携带疾病的昆虫，还是毁坏农作物的昆虫。

“是的，但这一切不都是理论上的吗？”你可能会问，“这肯定不会真的发生——至少在我的有生之年不会。”

但这一切正在发生，就在此时此地。截至 1958 年，科学期刊已记录了约 50 个物种自然平衡失调的例子。每年都有更多的类似情况发生。最近对这一主题的综述就引用了 215 篇论文，这些论文都谈到杀虫剂对昆虫种群平衡的不利影响。

有时，化学喷洒反而会导致目标昆虫数量暴增，例如安大略省的黑蝇在进行喷药控制后，数量比喷药前增加了 17 倍；在英国，喷洒有机磷化学制剂后，爆发了一场规模空前的卷心菜蚜虫虫害。

有时，化学喷洒虽然对目标昆虫相当有效，却也打开了潘多拉魔盒，让许多种极具破坏性的害虫数量大幅度增长，而此前这些害虫的数量从未多到造成人类的困扰。例如，DDT 等杀虫剂杀死了蜘蛛螨的天敌，现在蜘蛛螨已成为全球性害虫。蜘蛛螨其实并不是昆虫，它是一种肉眼难以看见的八条腿生物，与蜘蛛、蝎子和扁虱同属一个种群。让世界变绿的叶绿素极对蜘蛛螨的胃口，它的口器能刺穿阔叶和常绿针叶的外层细胞并吸取叶绿素。如果蜘蛛螨数量不多，其轻度侵扰只会使乔木和灌木呈现像椒盐一样斑驳不堪的外观；如果蜘蛛螨数量繁多，树叶便会变黄并掉落。

这就是几年前在美国西部的一些国家森林中发生的情况。1956 年，为了控制云杉蚜虫，美国森林管理局往约 885000 英亩的森林土地上喷洒了 DDT。然而，第二年夏天，人们发现这一举措引发了比蚜虫更严重的问题。从空中俯瞰森林，可以看到大片森林枯萎，花旗松的针叶变得焦黄，掉落一地。从赫勒拿国家森林、大贝尔特山脉的西坡以及蒙大拿州的其他地区，一直延伸到爱达荷州，森林看起来仿佛被火烧焦了一样。显然，在 1957 年夏天，这里发生了历史上最广泛、最严重的蜘蛛螨虫害，几乎所有喷洒过 DDT 的区域都受到影响，没有哪里比这儿受灾更明显了。回顾历史，护林人还记得其他地方也发生过蜘蛛螨虫害，尽管没有这次那么严重。比如，1929 年黄石公园的麦迪逊河沿岸、1949 年的科罗拉多州以及 1956 年的新墨西哥州。这些虫害均爆发于森林喷洒了杀虫剂之后。（1929 年喷洒时，还不是 DDT 盛行的时代，当时使用的是砷酸铅。）

那么，为什么蜘蛛螨似乎能仰赖杀虫剂迅速繁殖呢？显然，它们对杀虫剂本身具有较强的耐受性，除此之外，还有另外两个原因。在大自然中，蜘蛛螨受到各种天敌的制约，如瓢虫、瘿蚊、捕食性螨虫和一些海盗虫，而杀虫剂对这些天敌作用很大。第三个原因与蜘蛛螨群落内部的种群压力有关。未受侵扰的蜘蛛螨群落会聚集在蛛网下，以躲避天敌。当喷洒杀虫剂时，蜘蛛螨种群虽然未被杀死但是会受到刺激，四散奔逃，寻找不被打扰的地方。这样一来，它们找到了比原先栖息地更充足的空间和食物。天敌已经被消灭，所以蜘蛛螨无需费力地分泌保护性的蛛网，相反，它们将所有精力投入繁殖中。因此，它们的产卵量能增加三倍，这不足为奇，全都是杀虫剂的功劳。

弗吉尼亚州的谢南多厄河谷是著名的苹果产区，当 DDT 开始取代砷酸铅作为杀虫剂时，一种名为红带卷叶蛾的小昆虫成群出现，给果农带来了困扰。这种害虫的侵袭此前并不严重，但很快它们危害了 50% 的苹果树，成为苹果产区最具破坏性的害虫。红带卷叶蛾虫害不只破坏了这个地区，随着 DDT 的使用范围扩大，还波及东部和中西部地区。

这种情况极为讽刺。20 世纪 40 年代末，在新斯科舍省的苹果园中，定期喷洒的果园遭遇了最严重的苹果蠹蛾虫害（“苹果生虫”的原因）。而在未喷药的果园里，苹果蠹蛾的数量并不足以造成真正的困扰。

同样，在苏丹东部，棉农积极喷洒农药并未带来满意的回报。棉农在使用 DDT 后也遭受了惨痛的教训。加什三角洲灌溉系统浇灌了约 60000 英亩的棉田。DDT 的早期试验性喷洒取得了良好效果，因此棉农加大了喷药力度，然而问题随之出现。棉铃虫是棉花的天敌之一，对棉花的破坏力最强。但喷药的棉花植株越多，出现的棉铃虫就越多。相比已喷药的棉花植株，未喷药的棉花植株无论是果实还是成熟棉絮遭受的损害都较小。而在经过两次喷洒的田地里，棉籽的产量大幅下降。尽管消灭了一些食叶害虫，但由此带来的益处完全被棉铃虫造成的损害所抵消。最终，棉农不得不接受一个令人不悦的现实：倘若他们没有喷洒 DDT，那么他们不仅能省去不少麻烦和喷洒费用，还会获得更高的棉花产量。

在比利时属刚果和乌干达，人们大量使用 DDT 来消除咖啡树上的害虫，带来了近乎“灾难性的”后果。这些害虫几乎不受 DDT 影响，而其天敌却极易受到 DDT 的伤害。

在美国，农民大量喷洒杀虫剂，导致昆虫界的种群动态被扰乱，不断引来比原先的害虫破坏力更大的另一种害虫。近期实施的两次大规模喷药项目正巧引发了这种后果。一个是南方的火蚁清除项目，另一个则是中西部的日本金龟子清除项目。（详述分别在第十章和第七章。）

1957 年，在路易斯安那州的农田大规模喷洒七氯，结果解放了甘蔗作物的最强天敌之一——甘蔗螟虫。喷洒七氯后不久，甘蔗螟虫造成的损害急剧增加，因为这种针对火蚁的化学药剂杀死了甘蔗螟虫的天敌。甘蔗受损严重，以至于农民寻求法律途径起诉州政府，告其疏忽大意，未警示农民喷洒七氯可能会带来的这种后果。

伊利诺伊州的农民也遭遇了同样惨痛的经历。伊利诺伊州东部的农田进行了大规模的狄氏剂喷洒来控制日本金龟子。当地农民发现，在喷洒过药剂后的农田，玉米螟的数量大幅增加。事实上，喷洒区域种植的玉米，其玉米螟幼虫的数量几乎是未喷洒区域的两倍。农民或许尚不清楚这一现象背后的基础生物学原理，但他们不需要科学家来告诉他们也知道，自己做了一笔不划算的买卖：为了消灭一种昆虫，他们招来了破坏性更强的祸患。根据农业部的估计，日本金龟子在美国造成的损失每年约为 1000 万美元，而玉米螟造成的损失则高达 8500 万美元。

值得注意的是，人们曾主要依赖自然力量来控制玉米螟。1917 年，玉米螟意外从欧洲进入美国。两年后，美国政府启动了最为强有力的计划之一，旨在查找和引进能对付玉米螟的寄生虫。从那时起，政府花费大量资金从欧洲和东方引进了 24 种玉米螟的寄生虫，其中 5 种已被证实在控制玉米螟方面具有显著效果。不用说也知道，这项工作的成果现已岌岌可危，因为玉米螟的天敌都被杀虫剂杀死了。

如果这看起来荒谬，那就看看加利福尼亚柑橘果园的情况吧。19 世纪 80 年代，那里开展了全球最著名、最成功的生物控制实验。1872 年，柑橘树上出现了一种以其树液为食的介壳虫，在接下来的 15 年里，它发展成一种极具破坏力的害虫，让许多果园的水果产量几乎为零。新兴的柑橘产业遭受重大打击，濒临毁灭，许多农民放弃种植，把树木拔掉。随后，从澳大利亚引进了一种该介壳虫的寄生虫，叫澳洲瓢虫。引进第一批澳洲瓢虫后仅两年，加利福尼亚整个柑橘产区的介壳虫就得到了完全控制。从那时起，一个人在柑橘园里搜寻好几天，也找不到一只介壳虫。

在 20 世纪 40 年代，加利福尼亚的柑橘果农开始尝试使用新型化学药剂来对付其他昆虫。随着 DDT 以及随后毒性更大的化学制剂的出现，加利福尼亚许多地区的澳洲瓢虫种群被消灭殆尽。澳洲瓢虫的引入仅花费了政府 55000 美元，而它的活动每年为果农节省了数百万美元。然而，由于一次欠考虑的行动就把这一好处一笔勾销了。介壳虫的侵扰很快再次出现，造成的损失超出了 50 年以来的任何记录。

“这可能标志着一个时代的结束。”河滨柑橘实验站的保罗·德巴赫博士说。现在，控制介壳虫变得极其复杂，只有通过反复释放和仔细安排喷药时间表，才能保护澳洲瓢虫，尽量减少它们与杀虫剂的接触。此外，无论柑橘果农采取何种措施，他们的柑橘园都或多或少受到邻近土地的影响，因为杀虫剂的飘散也会造成严重的损害。

以上所有例子都与侵害农作物的昆虫有关。那么，那些传播疾病的昆虫呢？这方面已经有了不少警示。例如，第二次世界大战期间，在南太平洋的尼桑岛，人们大规模喷洒杀虫剂，但喷洒在战争结束后就停止了。不久，携带疟疾的蚊子群又侵入了该岛。岛上蚊子的所有天敌都已被杀死，而新种群还没来得及重新建立，因此，蚊子种群数量激增是显而易见的。马歇尔·莱尔德曾描述过这一事件，他将化学控制比作跑步机，认为人类一旦踏上它，就无法停下来，因为害怕停下来后果会更严重。

在世界上的某些地方，疾病与喷洒杀虫剂的联系可能大不相同。出于某种原因，类似蜗牛的软体动物似乎对杀虫剂几乎免疫，这种情况已被多次观察到。在佛罗里达东部盐沼地喷洒杀虫剂后的灾难现场（见第八章），只有水生蜗牛幸存下来。那里描述的场景如同一幅超现实主义画家挥笔创作的令人毛骨悚然的画，水生蜗牛在死鱼和垂死的螃蟹之间爬行，吞食着被毒雨夺走生命的其他生物。

但这为什么很重要呢？因为许多水生蜗牛是危险寄生虫的宿主，这些寄生虫生命周期的一部分在软体动物体内度过，另一部分则是在人体内度过。以血吸虫为例，宿主蜗牛将其释放到水中，当人们在喝水或在被感染的水中洗澡时，它可以透过皮肤进入人体，引起严重疾病，这类疾病在亚洲和非洲的部分地区尤为普遍。在血吸虫出现的地方，采取的防治措施可能使蜗牛大量繁殖，从而带来严重后果。

当然，人类并不是唯一受到蜗牛传播疾病影响的生物。牛、羊、麋鹿、兔子和其他各种恒温动物的肝病可能是由曾寄生在淡水蜗牛体中的肝吸虫引起的。感染这些寄生虫的动物肝脏不适宜作为人类的食物，通常会做报废处理，这类报废每年给美国的养牛者造成大约 350 万美元的损失。显然，任何增加蜗牛数量的举措都会使这个问题更加严重。

在过去十年里，这些问题遗留了许多不良后果，但我们却迟迟没有意识到。最适合开发自然控制并能将其付诸实践的大多数人，都在忙于研究更刺激的化学控制方法。1960 年有报道称，当时全国只有 2% 的经济昆虫学家在研究生物控制，其余 98% 的学者中相当一部分人在进行化学杀虫剂的研究工作。

为什么会这样呢？一方面，大型化学公司正在向高校投入大量资金，以支持杀虫剂的研究，这为研究生提供了丰厚的奖学金，创造了诱人的职位；另一方面，生物控制研究从未收到如此慷慨的捐赠资金——原因很简单，它们不像化学行业那样可以提供创造巨额财富的承诺，所以这些研究通常由州政府和联邦机构承担，而这些机构支付的薪酬要比化学公司少得多。

这一情况也解释了为什么一些杰出的昆虫学家是化学防控的主要倡导者这一令人费解的事。对其中一些人进行背景调查时发现，他们的整个研究项目都得到了化学行业的支持。他们的专业声望，有时甚至他们的工作都依赖于化学控制方法的延续。那么，我们能指望他们“恩将仇报”吗？而在了解了他们的偏见后，对于他们声称杀虫剂无害这一说法，我们又能相信多少呢？

在人们普遍推崇将化学制剂作为昆虫控制主要方法的情况下，只有少数昆虫学家还记得他们既不是化学家，也不是工程师，而是生物学家，他们偶尔也会提交持非主流观点的报告。

英国的 F.H. 雅各布曾宣称：“许多所谓的经济昆虫学家的举动让人觉得他们相信拯救世界就要靠喷洒化学制剂的喷嘴……当他们引发了害虫死灰复燃、昆虫进化出了抗药性或哺乳动物中毒等问题时，化学家将随时准备拿出新的药丸。这种观点并未得到普遍认同……最终，只有生物学家才能解答害虫控制的基本问题。”

新斯科舍省的 A.D. 皮克特写道："经济昆虫学家必须认识到，他们在与生物打交道……他们的工作绝不仅仅是测试杀虫剂或寻找极具破坏性的化学制剂。"皮克特博士本人是研究合理昆虫控制方法领域的先驱，这些方法充分发挥了捕食性和寄生性物种的作用。他和他的同事们开发的方法如今已成为杰出典范，但很少有人效仿。在美国，只有在一些加利福尼亚州昆虫学家开发的综合控制计划中，我们才能找到类似的方案。

大约 35 年前，皮克特博士在加拿大的新斯科舍省安纳波利斯谷的苹果园开始了他的工作，那里曾是加拿大水果种植最集中的地区之一。当时人们认为杀虫剂（主要是无机化学品）能够解决昆虫治理问题，唯一的任务就是引导果农遵循推荐的方法。然而，美好前景并未出现，不知何故，昆虫仍旧顽强地活着。于是人们投入了新的杀虫剂，设计了更好的喷洒设备，加大了喷洒剂量，然而昆虫问题并未得到改善。随后，人们认为 DDT 有望终止苹果蠹蛾爆发的噩梦。然而，它的使用实际上导致了前所未有的螨虫祸患。"我们从一个危机走到另一个危机，只不过是用一个问题替换了另一个问题。"皮克特博士说。

此时，其他昆虫学家还在追求虚幻的目标，继续研发毒性更强的化学品，但皮克特博士和他的同事们并未遵循其他人的方法，而是开辟了一条新路。他们意识到自然界里有人类强大的盟友，因此他们设计了一个方案，最大限度地利用自然控制、尽量减少杀虫剂的使用。无论何时使用杀虫剂，都只使用最低剂量，刚好足够控制害虫，而不会对有益物种造成不可避免的伤害。同时，时机的把控也很重要。例如，如果在苹果花苞刚开始转粉色之前而不是之后喷洒硫酸烟碱，就能使一种重要的害虫捕食者幸免于难，这可能是因为在苹果花苞转为粉色之前，这个重要的捕食者还在卵中未孵出。

皮克特博士特别注意选择对昆虫寄生虫和捕食者危害最小的化学制剂："当我们像过去使用无机化学品一样，将 DDT、对硫磷、氯丹和其他新型杀虫剂用作常规控制措施时，对生物控制感兴趣的昆虫学家可能会直接放弃。”他主要使用鱼尼汀（一种热带植物根茎的提取物）、硫酸烟碱和砷酸铅，而不是那些剧毒的广谱杀虫剂。即使在某些必要情况下，也仅使用浓度非常低的 DDT 或马拉硫磷（每 100 加仑水 1 或 2 盎司，而不是通常的每 100 加仑水 1 或 2 磅）。这两种是现代杀虫剂中毒性最小的，但皮克特博士希望通过进一步研究，用其他更安全的物质代替它们。

这个方案的效果如何呢？新斯科舍省的果农采用皮克特博士改良的喷药方案后，收获的一级水果比例与使用大量化学药剂的果农的一样高，产量也一样好。更重要的是，他们的成本低得多。而新斯科舍省苹果园的杀虫剂支出仅为其他苹果种植区的 10% ～ 20%。

和这些优异成果相比，更重要的是这些新斯科舍省昆虫学家制定的改良方案并没有破坏自然平衡。它正朝着实现加拿大昆虫学家 G.C. 尤耶特十年前提出的理念迈进：“我们必须改变我们的理念，摒弃人类的优越感，承认在很多情况下，我们在自然环境中能找到制约生物种群的方式，这将比我们自己研究出来的方法更经济。”

第十六章
雪崩的声音

如果达尔文还活着，昆虫世界的现状一定会让他感到欣喜和震惊，因为它有力地验证了他的适者生存理论。在化学制剂密集喷洒的压力下，昆虫种群中较弱的物种逐渐被淘汰。如今，在许多地区，许多物种中只有强壮和适应力强的那些生存下来，继续抵抗我们对它们的破坏。

近半个世纪前，华盛顿州立大学昆虫学教授 A.L. 梅兰德提出了一个如今看来答案显而易见的问题："昆虫会对喷洒药剂产生抗药性吗？"如果当时对梅兰德来说，答案还不明确，或者迟迟没有揭晓，那只是因为他问得太早了——他是在 1914 年提出这个问题而不是在 40 年后。在 DDT 出现之前，无机化学品的应用规模在今天看来非常小，但在当时已催生了能够抵抗化学喷剂或粉尘的昆虫物种。梅兰德本人也曾被圣何塞蚧（一种对果树有害的昆虫）困扰，一度有几年的时间，喷洒石灰硫黄以有效控制这种昆虫。但在华盛顿的克拉克斯顿地区，这些昆虫变得难以对付——它们比在韦纳奇、雅基马山谷以及其他地方的果园里的圣何塞蚧更难被杀死。

突然间，美国其他地区的蚧壳虫似乎达成了共识：即便果园主们勤勉地、大量挥洒石灰硫黄，它们也不必"以死相报"。在美国中西部的大部分地区，如今那些完全不受喷药影响的昆虫摧毁了成千上万英亩的优质果园。

在加利福尼亚，用帆布覆盖树木并使用氢氰酸熏蒸灭虫这一传统方法在某些地区效果不如往昔。这促使加利福尼亚州柑橘实验站在 1915 年左右开展了一项持续了大约 25 年的研究。20 世纪 20 年代，又出现了另一种能抵抗杀虫剂的害虫——苹果蠹蛾。尽管在过去 40 多年来，砷酸铅一直能有效控制这种害虫。

随后，DDT 及其众多同类产品的出现，开创了真正的昆虫抗药性时代。任何对昆虫或动物种群动态稍有了解的人，都不会感到惊讶，短短几年内，一个丑陋而危险的问题已经清楚地显现出来了。然而，人们却迟迟没有意识到昆虫能有效抵抗化学攻击。到目前为止，似乎只有关注染病昆虫的人才真正意识到情况的严重性，农业工作者仍然很轻率地相信开发毒性更强的新型化学药剂能解决这一问题，尽管正是化学喷洒这种看似合理的方式导致了当前的困境。

人们对昆虫抗药性的认识发展缓慢，昆虫抗药性的发展趋势却十分迅速。1945 年之前，已知只有十几种昆虫对 DDT 之前的杀虫剂产生了抗药性。随着新型有机化学品和密集喷药新方法的出现，产生抗药性的昆虫种类迅速增加，到 1960 年已达到 137 种，这个数字很惊人，也没有人认为这一增长趋势会终止。目前，已有 1000 多篇有关该主题的技术文献发表。世界卫生组织已经征集了世界各地约 300 名科学家的意见，宣称："抗药性是当前媒介控制计划面临的最重要的一个问题。"英国著名的动物种群学家查尔斯·埃尔顿博士表示："这就像雪崩，我们现在听到的是雪崩前的隆隆声，而这可能会演变成一场势不可挡的雪崩。"

有时，抗药性发展得如此之快，以至于一份宣称某种特定化学物质成功控制了某个物种的报告上的墨迹还没干透，就要发布一份修正报告。例如，在南非，牧民长期受到蓝牛蜱的困扰，仅在一个牧场，一年内就有 600 头牛死于蓝牛蜱。多年来，这种蜱虫一直对砷剂有抗药性。后来，人们尝试使用六氯化苯控制蓝牛蜱，并在短时间内取得了良好效果。1949 年初发布的报告宣称，这种新的化学物质可以轻松控制对砷有抗性的牛蜱；同年晚些时候，人们不得不公布一则令人沮丧的消息：牛蜱的抗药性越来越强。这种情况促使《皮革贸易评论》杂志的一位作者在 1950 年发表评论："像此类在科学界悄悄流传，并出现在海外媒体边角版面上的新闻，如果人们能意识到它的重要性，它足以成为与新原子弹一样重要的头条新闻。"

尽管昆虫抗药性引起了农业和林业领域的关注，但人们最为担心的还是其对公共卫生造成的影响。自古以来，各种昆虫就与人类的许多疾病有千丝万缕的联系。例如，按蚊属的蚊子可能会将疟疾的单细胞生物注入人体血液，其他蚊子会传播黄热病，还有一些蚊子携带脑炎。家蝇虽不叮咬人，但其携带痢疾杆菌，可能会通过与食物接触而污染食物。同时，在世界上许多地区，家蝇是眼病传播的重要媒介。相关疾病及其昆虫携带者或病媒包括体虱传播斑疹伤寒症、鼠蚤传播鼠疫、采采蝇传播非洲昏睡病、蜱虫传播各种热病等，不胜枚举。

这些都是重要的问题，必须解决。任何一个负责任的人都不会认为应该忽视昆虫传播疾病的问题。现在迫切需要解决的问题是：采用那些使现状迅速恶化的方法来解决这一问题明智吗？负责吗？我们已经听到了太多通过控制受感染的病媒昆虫来战胜疾病的消息，却鲜少听到故事的另一面，即失败的案例、短暂的胜利。现在，这些反面例子有力地支持了一个令人不安的观点：我们付出的努力实际上使昆虫变得更强大。更糟的是，我们或许已经摧毁了自身与其对抗的能力。

加拿大著名昆虫学家 A.W.A. 布朗博士受世界卫生组织委托，全面调查昆虫抗药性问题。1958 年，布朗博士在其出版的专著中写道："公共卫生计划引入强效合成杀虫剂不到十年，主要的技术问题便是使昆虫对杀虫剂产生了抗药性。"世界卫生组织出版他的专著时向世人发出警告："除非能迅速解决这个新问题，否则目前针对疟疾、斑疹伤寒和鼠疫等由节肢动物所传播疾病的大力攻势可能会遭受严重挫折。"

如何衡量这一挫折的严重程度呢？现在，抗药性物种名单已涵盖几乎所有在医学上重要的昆虫群体，除了尚未产生抗药性的黑蝇、沙蝇和采采蝇。另一方面，家蝇和体虱的抗药性已经在全球范围内发展。蚊子的抗药性影响着疟疾防治项目。一个极其严重的事态是鼠疫的主要传播媒介——东方鼠蚤，最近表现出对 DDT 的抗性。各大洲和大多数岛屿群都有国家报告许多物种对 DDT 产生抗药性的情况。

现代杀虫剂在医疗上的首次应用可能发生在 1943 年的意大利，当时盟军政府对大范围人群喷撒 DDT 粉剂，成功控制了斑疹伤寒。两年后，又大范围使用滞留喷洒来控制传播疟疾的蚊子。仅一年后，问题就显现了。家蝇和库蚊开始对喷雾杀虫剂产生抗药性。1948 年，人们引入一种新化学制剂——氯丹作为 DDT 的补充，取得了良好的控制效果，但两年后，在 1950 年 8 月，出现了对氯丹有抗药性的苍蝇，到那年年底，家蝇和库蚊似乎都对氯丹产生了抗药性。新化学制剂投入使用的速度很快，但昆虫抗药性发展同样迅速。到 1951 年底，DDT、甲氧氯、氯丹、七氯和六氯化苯都已被列入无效化学药剂名单。与此同时，家蝇数量变得“异常多”。

20 世纪 40 年代末，类似的事件也在撒丁岛上演。丹麦于 1944 年首次使用含有 DDT 的杀虫剂，到 1947 年，许多地区的灭蝇工作以失败告终。在埃及的一些地区，苍蝇在 1948 年就对 DDT 产生了抗药性，人们转而使用六氯化苯，但其效果维持不到一年。埃及的一个村庄发生的情形是这一问题的典型缩影。1950 年，杀虫剂对苍蝇的控制效果良好，同年婴儿死亡率降低了近 50%。然而，第二年，苍蝇对 DDT 和氯丹产生了抗药性，苍蝇的数量恢复至原有水平，婴儿死亡率也随之回升。

在美国，到 1948 年，田纳西河谷地区的苍蝇已普遍对 DDT 产生抗药性。其他地区也是这种情况。人们尝试用狄氏剂重新控制苍蝇，但收效甚微，因为在某些地方，苍蝇在短短两个月内就对狄氏剂产生了很强的抗药性。在用完所有可用的氯化烃杀虫剂后，控制机构转而使用有机磷酸盐杀虫剂，但苍蝇又对其产生了抗药性。专家目前的结论是："家蝇控制已经超出了杀虫剂技术的能力范围，必须再次依靠公共卫生措施。"

DDT 最早且最广为人知的成果之一是成功控制了那不勒斯的体虱。在接下来的几年里，DDT 在意大利所获得的成功，与其在日本和朝鲜取得的成功不相上下。在 1945 和 1946 年冬季，DDT 成功控制了影响日本和朝鲜两国约 200 万人的虱患。然而，1948 年在西班牙，DDT 未能抑制斑疹伤寒流行，这可能已经预示了未来的麻烦。尽管实际使用没有效果，但在实验室开展的实验结果却振奋人心，让昆虫学家相信虱子不太可能产生抗药性。因此，1950 和 1951 年冬季，在朝鲜发生的事件令人震惊。一组朝鲜士兵使用了 DDT 粉剂，却出现了虱子感染率上升这一异常结果，将这些虱子采集后进行测试发现，5% 浓度的 DDT 粉末不会使虱子死亡。从东京的流浪者，板桥的一家收容所，叙利亚、约旦及埃及东部的难民营中采集的虱子也得到了类似的结果，证实了 DDT 对控制虱子和斑疹伤寒无效。到 1957 年，虱子对 DDT 产生抗药性的国家名单已扩大到伊朗、土耳其、埃塞俄比亚、西非、南非、秘鲁、智利、法国、南斯拉夫、阿富汗、乌干达、墨西哥和坦噶尼喀，相比之下，DDT 在意大利取得的最初的胜利似乎变得黯然失色。

第一种对 DDT 产生抗性的疟蚊是希腊的萨氏按蚊。1946 年希腊开始大规模喷洒 DDT，并取得初步成效；然而，到 1949 年，观察者注意到，成年蚊子虽然在已喷洒过药剂的房屋和马厩内销声匿迹，但却大量聚集在道路桥梁下栖息。很快，成年蚊子的室外栖息地扩张到洞穴、附属建筑、涵洞以及橙树的树叶和树干上。显然，成年蚊子已经对 DDT 产生了足够的耐受性，能够逃离喷洒过的建筑物，在露天休息和恢复。几个月后，它们甚至能够继续待在喷洒过的房屋内，人们发现它们栖息在被药物喷洒过的墙壁上。

这预示着目前的形势极其严峻。对房屋进行彻底喷洒是为了消灭疟疾，结果却导致按蚊属的蚊子对杀虫剂的抗药性以惊人的速度增长。1956 年，只有 5 种按蚊有抗药性；到了 1960 年初，这一数字迅速攀升至 28，其中包括西非、中东、中美洲、印度尼西亚和东欧地区极为危险的疟蚊，它们是疟疾的主要传播媒介。

在其他蚊子（包括传播其他疾病的蚊子）中，这种模式正重复上演。一种热带蚊子在世界许多地方已经产生很强的抗药性，它携带的寄生虫能导致象皮肿等疾病。在美国的一些地区，传播西部马脑炎的蚊子已经产生了抗药性。一个更为严重的问题是，在东南亚，一种传播黄热病——几个世纪以来这种疾病一直是全球最大的传染病之一——的蚊子已经产生了抗药性，如今，加勒比地区的蚊子也是如此。

世界各地的报告都表明了昆虫抗药性对疟疾和其他疾病的影响。1954 年，特立尼达爆发了黄热病，原因是病媒蚊子具有抗药性，未能得到有效控制。在印度尼西亚和伊朗，疟疾病例数量急剧上升；而在希腊、尼日利亚和利比里亚，蚊子持续传播疟疾寄生虫。佐治亚州通过控制苍蝇成功减少了腹泻疾病的发生，但这一成果在一年后因苍蝇产生抗药性而被逆转。同样，埃及通过控制苍蝇降低了急性结膜炎的发病率，但这一进展在 1950 年后便不再有用。

佛罗里达州的盐沼蚊子也表现出了抗药性，虽然这并未严重威胁人类健康，但从经济价值的角度看却令人头疼。这些蚊子虽不传播疾病，但它们成群结队、吸食人血，导致佛罗里达沿海大片区域无法居住，这种情况直到控制措施出炉才有所改善，但这种控制措施本质上不稳定且很难实施，因此很快就失效了。

世界各地的普通家蚊都逐渐产生抗药性，鉴于此，许多现在仍在定期安排大规模喷洒杀虫剂的社区应停下来，思考一下是否还要继续。在意大利、以色列、日本、法国，以及包括加利福尼亚州、俄亥俄州、新泽西州和马萨诸塞州在内的美国部分地区，这种蚊子已经对几种杀虫剂产生了抗药性，其中就包括在全球最广泛使用的 DDT。

蜱虫是另一个问题。斑疹热的传播媒介木蜱最近产生了抗药性；而棕色狗蜱早已在许多地区具备了逃避化学杀灭的能力。棕色狗蜱不仅对狗构成威胁，也会影响人类的健康。它是一种亚热带物种，所以当它出现在像新泽西这样远北的地区时，它必须在温暖的室内过冬。美国自然历史博物馆的约翰·C.帕利斯特于1959年夏季报告称，他所在的部门接到了中央公园西附近公寓的许多电话。帕利斯特先生说："整栋公寓楼都会时不时被幼蜱虫侵袭，而且很难消灭。狗在中央公园感染蜱虫，然后蜱虫会在公寓里产卵并孵化。蜱虫似乎对DDT、氯丹或大多数现代杀虫剂都免疫。过去在纽约市，蜱虫很少见，但现在，这里、长岛、威斯特彻斯特和康涅狄格州到处都有蜱虫。在过去五六年里，这一点尤其引起我们的注意。"

在北美的大部分地区，德国小蠊已经对氯丹产生了抗药性。氯丹曾是灭虫者最喜欢的武器，现在他们转而使用有机磷酸盐。然而，德国小蠊最近对这些杀虫剂也产生了抗药性，灭虫者不得不思考接下来该怎么办。

目前，随着抗药性的产生，负责防治病媒传播疾病的机构不得不从一种杀虫剂转换到另一种杀虫剂以应对这个问题。尽管化学家富有创造力，能持续不断地研发新材料，但这始终不是长久之计。布朗博士曾指出，我们正走在一条"单行道"上，无人知晓这条路有多长。如果在有效控制携带疾病的昆虫之前就走到了死胡同，我们的处境必然十分危急。

对付侵害农作物的昆虫，也是同样的情况。

在早期使用无机化学杀虫剂时，已有十几种农业害虫表现出抗药性。现在又增加了一大批对DDT、六氯化苯、林丹、八氯莰烯、狄氏剂、艾氏剂，甚至对人们寄予厚望的磷酸盐都具有抗药性的昆虫。1960年，抗药性物种在破坏作物的昆虫中的总数已达到65种。

1951年，即DDT首次使用六年后，美国首次出现了农业昆虫对DDT产生抗药性的案例。或许最棘手的情况是苹果蠹蛾造成的，现在全球几乎所有苹果种植区的苹果蠹蛾都对 DDT 产生了抗药性。卷心菜害虫的抗药性正引发另一个严重问题。在美国的许多地区，化学农药已无法控制马铃薯害虫。六种棉花昆虫以及各种蓟马、果蛾、叶蝉、毛虫、螨虫、蚜虫、铁线虫和许多其他昆虫现在对农民喷洒的化学制剂都免疫了。

化工行业可能不愿面对昆虫产生抗药性这一令人不快的事实，这或许可以理解。甚至在 1959 年，当时已有 100 多种主要昆虫对化学品表现出明确的抗药性，而农业化学领域的一本权威期刊谈及昆虫抗药性时还在问“是真实存在的还是想象出来的”。然而，无论行业如何试图回避，问题并不会因此消失，反而带来了一些经济方面的损失，令人沮丧。其中之一是使用化学制剂杀虫的成本在逐步增大。如今，大规模提前储备杀虫剂已不再可行，因为今天看似最有效的杀虫化学制剂，明天就可能沦为彻底的失败品。支持和推出杀虫剂投入的巨额资金可能会消失无踪，因为昆虫再次证明，使用蛮力并非应对大自然的有效方法。无论发明杀虫剂新用途和应用新方法的技术更新速度有多快，都很可能落后昆虫一步。

达尔文自己也很难找到比抗药性机制更能说明自然选择运作的例子。在一个原始种群中，其成员在结构、行为或生理特性上有很大差异，只有顽强的害虫才能在化学攻击中存活下来。杀虫剂会杀死较弱的个体，只有具有某些内在特性的害虫才能幸存下来，这些特性使它们免受伤害。这些幸存者成为新一代的父母，它们的后代通过简单的遗传，继承了所有顽强的品质。不可避免的是，原本用来解决问题的强效杀虫剂，密集喷洒后反而使问题变得更严重。原本强弱昆虫混合组成的种群，在几代之后，已发展成全员强悍、具有抗药性的种群。

昆虫具有或者获得抗药性的机制可能各不相同，目前尚未完全明了。一些难以用化学制剂控制的害虫被认为具有生理结构上的优势，但似乎没有实际证据来证明这一点。然而，从布里耶尔博士的观察结果来看，很显然，某些昆虫对化学制剂具有免疫力。他在报告中写道，他在丹麦斯普林斯福比的害虫防控研究所观察苍蝇时，发现“苍蝇在 DDT 中嬉戏，就像原始时期的巫师在烧红的炭火上自如跳跃”。

世界其他地方也有类似的报道。在马来西亚吉隆坡，蚊子起初对 DDT 的反应是飞离喷洒区域，但随着抗药性的形成，它们已不惧喷洒，用手电筒照射时可以清楚地看到它们竟能安然停留在有明显 DDT 沉积的表面上。在中国台湾南部的一处军营，人们发现具有抗药性的臭虫样本身上实际上沾有 DDT 粉末。在实验中，将这些臭虫放在浸有 DDT 的织物中，它们能存活长达一个月，它们甚至可以产卵，而孵化出的幼虫能茁壮成长。

尽管如此，抗药性的强弱并不一定取决于生理结构。对 DDT 具有抗药性的苍蝇拥有一种酶，能让它们将杀虫剂分解为毒性较小的化学物质 DDE。这种酶只出现在拥有抗 DDT 遗传因子的苍蝇身上，这个因子当然也是靠遗传获得的。至于苍蝇及其他害虫如何化解有机磷类化合物的毒素，目前还不太清楚。

某些行为习惯也可能使昆虫远离化学药品。一些研究者已经注意到，和经过化学药剂喷洒的墙面相比，具有抗药性的苍蝇更倾向于停留在未经处理的墙壁上。抗药性家蝇可能具备类似稳定蝇的习性，喜欢待在一个地方，从而大大降低了与杀虫剂残留物的接触频率。一些疟蚊受到喷药刺激时，会飞离屋子，在户外生存，这一习性大大减少了它们与 DDT 的接触，使它们几乎对 DDT 免疫。

通常，抗药性需要两到三年才能形成，但有时只需要一个季节甚至更短时间；而在另一种极端情况下，抗药性的形成可能需要长达六年的时间。害虫种群一年内繁殖的代数很重要，而且这会因物种和气候而异。例如，美国南部的苍蝇比加拿大的苍蝇产生抗药性的速度快，因为当地漫长的炎热的夏季有利于苍蝇快速繁殖。

人们有时会心怀希望地提问：“如果昆虫能够对化学物质产生抗药性，人类是否也能做到？”理论上来说可以，但这需要数百年甚至数千年，因此对当代人来说并没有安慰作用。抗药性不是个体在其生命过程中自然形成的。如果一个人天生具有某些使他比其他人更不容易受到毒素影响的特质，他就更有可能存活下来并繁衍后代。因此，抗药性是一个种群经过几代或许多代后发展起来的。人类种群每世纪约繁衍三代，而昆虫的新世代在几天或几周内就会出现。

“昆虫多少会给我们带来一些危害，但我们是稍微忍受一下这些危害，还是为了现在一点亏都不吃，用尽各种手段，导致最后失去抗击害虫的方法?”荷兰植物保护局局长布里耶尔博士提出建议：“实际建议应该是‘尽量少喷洒’，而不是‘尽量喷洒’……对害虫种群的喷药压力应该尽可能地小。”

不幸的是，在美国的农业服务领域，这种观点并未占上风。美国农业部 1952 年的年鉴专门讨论昆虫问题，虽然承认昆虫会产生抗药性，但却认为“需要更多次、更大量地使用杀虫剂，才能有效控制昆虫”。农业部并未说明，一旦大部分的化学制剂都用上了，剩下那些不仅能消灭害虫，还会使地球生灵涂炭的化学制剂，会发生什么。但在 1959 年，即提出这一建议仅仅七年后，《农业与食品化学杂志》就引用了康涅狄格州一位昆虫学家的话，称至少对一两种害虫而言，当时已经在使用最后可用的新型杀虫剂了。

布里耶尔博士表示：

显然，我们走的是一条危险的道路……我们必须积极研究其他控制措施，这些措施必须是生物措施，而不是化学措施。我们的目标应该是尽可能谨慎地引导自然过程朝着理想的方向发展，而不是诉诸蛮力……

我们需要有更高尚的信仰和更深刻的洞察力，然而现在许多研究者都缺乏这些。生命是一个超越我们理解范畴的奇迹，即便在我们不得不与之抗争之际，我们也应对其保持敬畏之心……使用杀虫剂等手段来控制生命，证明我们认知有限，能力不足，无法引导自然进程，以至于不得不诉诸蛮力。谦逊是必要的，在这方面没有任何理由是科学自负的借口。

第十七章 另一条路

现在，我们正站在一个分岔路口，但与人们所熟悉的罗伯特·弗罗斯特诗中的描述不一样的是，这两条路截然不同。我们长久以来所走的那条路看似轻松，是一条能够快速前进、平坦的高速路，但其尽头却是灾难；另一条路——那条“少有人选择”的路——则给我们提供了最后也是唯一的机会，能够确保我们赖以生存的地球得以保存。

归根结底，终究是我们自己做出最后的选择。如果在我们已经忍受了那么多，最终明确了我们要有“知情权”；如果我们知道，我们得到的结论是我们正被迫承担毫无意义且令人恐惧的风险，那么我们就不能再接受那些建议，让有毒的化学物质充斥世界。相反，我们应该环顾四周，看看还有什么其他的出路。

事实上，要控制昆虫，有许多非化学手段的替代方案。其中一些已经得到应用，并取得了卓越的成效；另一些仍处于实验室测试阶段；还有一些只是富有想象力的科学家头脑中的创意，正在等待机会去验证。这些方案有一个共同点：它们都是生物学的解决方案，基于对目标生物及其所属生态系统的深入了解。昆虫学家、病理学家、遗传学家、生理学家、生物化学家和生态学家等多个生物学领域的专家正将他们的知识和创造性灵感汇聚在一起，共同发展一种新的生物控制科学。

正如约翰斯·霍普金斯大学的生物学家卡尔·P. 斯旺森教授所言：

任何科学都像是一条河流。它的起源常常模糊难定，毫不起眼，有平静的水面，也有急流险滩；它经历过干涸的时期，也有丰盈的时候。许多研究者的工作，叠加在一起为它积聚了动力，并且随着其他思想支流的注入而得到滋养。源源不断的概念和总结，不断深化和拓宽这条科学的河流。

现代意义上的生物控制科学也是如此。它在美国的起源可以追溯到一个世纪前，那时美国首次尝试引入昆虫的天敌来对付那些给农民带来困扰的害虫。尽管这一努力有时进展缓慢甚至停滞，但时不时会在某一次显著成功的推动下积聚动力并加速前进。20 世纪 40 年代，新型杀虫剂令人目眩神迷的表现让应用昆虫学的研究人员眼花缭乱，他们背弃了所有生物学方法，踏上了“化学控制的跑步机”。然而，消灭昆虫的目标却变得越来越遥不可及。如今人们终于意识到，不加节制地使用化学制剂对人类的威胁远大于对目标昆虫的威胁，生物防治科学之河再次涌动，并因新的思想支流而更加丰富。

一些最吸引人的新方法是利用物种自身的力量来对付它们自己，即利用昆虫生命本能的驱动力来消灭它们。其中最为惊艳的手段是由美国农业部昆虫学研究部门的负责人爱德华·克尼普林博士及其团队开发的“雄性绝育”技术。

大约 25 年前，克尼普林博士提出了一种独特的昆虫控制方法，让他的同事们大为震惊。他设想，如果能够对大量昆虫进行绝育操作并将其释放到自然环境中，在特定条件下，这些绝育的雄性昆虫将与正常的野生雄性昆虫竞争求偶，它们往往能打败野生雄性昆虫。经过多次释放后，这类昆虫的配偶会生产出无法孵化的卵，从而导致该种群灭绝。

这一提议最初遭到了官僚的拖延和科学界的怀疑，但这一想法始终萦绕在克尼普林博士的脑海中。在将其付诸实践之前，仍有一个关键问题需要解决——必须找到一种切实可行的昆虫绝育方法。从学术角度来看，早在1916年，人们已经知道X射线会让昆虫不育。当时，昆虫学家G.A.拉纳报告了烟草甲虫经过X射线照射后不育。赫尔曼·穆勒在20世纪20年代末期通过X光引起昆虫后代突变的开创性研究，为这一领域带来了广阔的新思路。到20世纪中叶，许多研究人员已经报告了至少十几种昆虫通过X射线或伽马射线实现绝育。

然而，这些都是实验室中的研究，距离实际应用还有很长的路要走。大约在1950年，克尼普林博士开始认真尝试将昆虫绝育技术转化为一种武器，以消灭美国南部畜牧业的主要害虫——螺旋蝇。这种昆虫的雌性会在恒温动物的外露伤口上产卵，孵化出的幼虫就寄生在动物身上并以宿主的肉为食。一头成年的公牛在受到严重感染后可能在10天内死亡。据估算，美国每年因螺旋蝇导致的畜牧业损失高达4000万美元。野生动物的损失更难衡量，但必定巨大。得克萨斯州一些地区鹿群稀少被认为与螺旋蝇有关。螺旋蝇是一种热带或亚热带昆虫，主要分布于南美洲、中美洲和墨西哥。在美国，其分布通常仅限于西南部。然而，大约在1933年，螺旋蝇被意外引入佛罗里达州，在适宜的气候条件下得以在冬季存活并建立种群。它甚至进一步扩散至亚拉巴马州南部和佐治亚州，很快，东南部各州的畜牧业每年因此损失高达2000万美元。

多年来，美国农业部驻得克萨斯州的科学家积累了大量关于螺旋蝇的生物学信息。到1954年，在佛罗里达群岛进行了一些初步的田间试验后，克尼普林博士准备对他的理论进行全面测试。为此，克尼普林博士与荷兰政府达成协议，前往加勒比海的库拉索岛，这座岛屿距离大陆至少有50英里的距离。

自1954年8月开始，在佛罗里达州农业部实验室培育并完成绝育的螺旋蝇被空运至库拉索岛，并以每周每平方英里约400只的释放速度从飞机上投放。几乎立刻，实验用山羊身上的螺旋蝇卵块数量开始减少，卵块生育能力也有所下降。释放完成绝育的螺旋蝇开始后仅七周，所有的卵都变得不育。很快，岛上甚至找不到任何卵块，无论是可育的还是不育的。螺旋蝇在库拉索岛上被彻底清除了。

库拉索实验的成功引起了佛罗里达州畜牧业者的强烈兴趣，他们也想利用这一技术彻底消除螺旋蝇这一祸害。尽管佛罗里达地区的情况远比库拉索这个加勒比小岛复杂得多，使实验范围扩大了 300 倍，但在 1957 年，美国农业部和佛罗里达州共同拨款启动了一项清除计划。该项目包括在专门建造的“苍蝇工厂”中每周培育约 5000 万只螺旋蝇，使用 20 架轻型飞机按预定的飞行路线释放，每天，每架飞机携带 1000 个纸盒，飞行 5 ～ 6 小时，每个纸盒中装有 200 ～ 400 只经 X 光照射过的螺旋蝇。

1957 年至 1958 年的寒冬，佛罗里达北部地区的低温为该项目提供了一个意外的有利时机。当时，螺旋蝇种群大幅减少并被限制在较小的区域内。17 个月后，该项目被视为完成，总计释放了 35 亿只人工培育并绝育的螺旋蝇，覆盖了佛罗里达州以及佐治亚州和亚拉巴马州的部分地区。已知的最后一次动物伤口感染螺旋蝇的记录出现在 1959 年 2 月。在接下来的几周内，陷阱中捕获了少量成虫。此后，再未发现任何螺旋蝇的踪迹。螺旋蝇在美国东南部被清除干净，这一胜利充分证明了科学创造力的价值，加上扎实的基础研究、坚持不懈和决心，才能取得巨大的成就。

如今，密西西比州设立了一道隔离屏障，用于防止螺旋蝇从其在西南部的栖息地再次入侵。考虑到所涉及的广阔范围以及从墨西哥再次入侵的可能性，在西南部根除螺旋蝇将是一项艰巨的任务。尽管风险很高，但农业部的计划是至少要把螺旋蝇的数量控制在极低水平，因此，预计这项工作可能很快会在得克萨斯州及西南其他受侵害地区展开。

螺旋蝇清除计划的成功激发了人们浓厚的兴趣，想要将同样的方法应用于其他昆虫。然而，并非所有昆虫都适合这种技术，其可行性在很大程度上取决于昆虫的生活史、种群密度以及对辐射的反应等因素。

英国科学家已经在罗得西亚开展实验，希望将这种方法用于控制采采蝇。这种昆虫侵害了非洲约三分之一的地区，对人类健康构成威胁，并使约450万平方英里的林地草原无法饲养牲畜。采采蝇的习性与螺旋蝇有显著不同，尽管它可以通过辐射实现绝育，但在实际应用之前，还有一些技术难题需要解决。

英国科学家已对许多其他昆虫的辐射敏感性进行了测试。美国科学家在夏威夷的实验室测试以及遥远的罗塔岛的野外实验中，对瓜蝇、东方果蝇和地中海果蝇的研究取得了一些令人欣喜的初步结果。此外，对玉米螟和甘蔗螟的测试也在进行中。具有医学重要性的昆虫也可能通过绝育得到控制。一位智利科学家指出，尽管使用了杀虫剂，携带疟疾的蚊子仍在智利存活，此时释放不育的雄性蚊子可能会成为消灭这些蚊子的最后一击。

辐射绝育的困难促使科学家寻找能够实现类似效果的更简单的方法，因此，目前人们对化学绝育剂的兴趣正日益高涨。

佛罗里达州奥兰多的农业部的科学家在实验室以及某些田野试验中，通过将化学品融入适当的食物中，对家蝇进行绝育处理。1961年在佛罗里达群岛的测试中，蝇群在仅仅五周内几乎被完全消灭。尽管随后因邻近岛屿的蝇群迁移而重新出现，但作为一个试点项目，这一实验是成功的。农业部对这一方法的前景充满期待，这是可以理解的。一方面，如前所述，家蝇几乎已无法通过杀虫剂控制，确实需要一种全新的控制方法。辐射绝育的一个问题是，这种方法不仅需要人工饲养，还需要释放的绝育雄性数量超过野生种群中的数量。这在螺旋蝇中是可行的，因为螺旋蝇实际上并不算是一种数量庞大的昆虫。然而，对于家蝇来说，释放的昆虫数量增加一倍以上可能令人无法接受，即使这么多家蝇只是暂时出现。而化学绝育剂则可以与诱饵物质结合并引入家蝇的自然环境中，昆虫在摄食后会变得不育。随着时间的推移，不育的家蝇逐渐占据主导地位，种群最终会自行消亡。

不过，测试化学制剂的绝育效果比测试化学制剂的毒性要困难得多。尽管可以同时进行多个测试，但是评估一种化学制剂也需要 30 天时间。从 1958 年 4 月至 1961 年 12 月，奥兰多实验室筛查了数百种化学品，寻找有可能产生绝育效果的物质，从中发现了少数几种有希望成功的化学制剂。

目前，农业部的其他实验室也开始参与这项研究，对厩螫蝇、蚊子、棉铃虫和各种果蝇进行化学测试。这些研究目前仍处于实验阶段，但自化学绝育剂研究开始后的短短几年里，这一项目已显著扩大。从理论上讲，这种方法具有许多吸引人的特点。克尼普林博士指出，有效的化学昆虫绝育技术“可能可以轻松超越一些已知最好的杀虫剂”。他举例说明：假设一个昆虫种群有 100 万只，每一代繁殖 5 倍，使用杀虫剂可能杀死每代昆虫的 90%，但经过三代后，仍会剩下 12.5 万只昆虫；而如果使用化学绝育剂使 90% 的昆虫不育，那么三代后只会剩下 125 只昆虫。

这个方法也有其不利的一面，因为这个方法涉及一些毒性强劲的化学物质。幸运的是，至少在这一初期阶段，大多数从事化学绝育剂研究的人员都认识到寻找安全化学物质及安全使用方法的必要性。然而，仍有人建议通过飞机喷洒这些绝育剂，例如喷洒在遭到舞毒蛾幼虫啃食的树叶上。在没有彻底研究其潜在危害的情况下实施这种方法，是极其不负责任的行为。如果不时刻警惕化学绝育剂的潜在风险，我们可能会陷入比目前由杀虫剂引发的问题更糟糕的困境。

目前正在测试的绝育剂通常分为两类，这两类绝育剂的作用机制都非常有趣。第一类与细胞的生命过程或代谢密切相关，即这些化学物质与细胞或组织所需的某种物质极为相似，以至于生物体将其误认为是正常代谢物，并试图将其纳入正常的构建过程中，但由于其结构在某些细节上不匹配，整个过程随之停止。这类化学物质被称为抗代谢物。

第二类化学物质作用于染色体，可能会影响基因的化学结构并导致染色体分解。此类化学绝育剂属于烷化剂，是一种极为活跃的化学物质，能够对细胞造成强烈破坏，损害染色体并引发突变。伦敦切斯特·比蒂研究所的彼得·亚历山大博士认为："任何能够有效绝育昆虫的烷化剂同时也会是强效的诱变剂和致癌物。"亚历山大博士指出，任何此类化学物质在昆虫控制中的使用都会"受到最最严厉的反对"。因此，希望目前的实验不会让这些化学物质投入使用，而是发现其他既安全又对目标昆虫具有高度特异性的化学物质。

最近的一些研究重点则在于探索其他利用昆虫自身生命过程制造"武器"的方法。昆虫能够分泌各种毒素、吸引剂和驱避剂，那么这些分泌物具有怎样的化学性质？是否可以将其用于开发具有选择性的杀虫剂？康奈尔大学及其他机构的科学家正在寻找这些问题的答案，他们研究昆虫如何通过防御机制保护自己免受捕食者的攻击，并解析昆虫分泌物的化学结构。其他科学家则致力于研究所谓的"幼虫激素"，这种强效物质能够阻止昆虫幼虫在达到适当的生长阶段之前发生变形。

或许这些探索昆虫分泌物的研究中最为直接有用的成果是诱饵或引诱剂的开发。在这一领域，自然界为人类指明了方向。舞毒蛾是一个特别引人注目的案例。雌蛾身体笨重，无法飞行，它们通常生活在地面或靠近地面的地方，在低矮植被中扑腾或爬上树干。而雄蛾却是强劲的飞行者，即使从相当远的距离，也能够被雌蛾特殊腺体中释放的气味所吸引。昆虫学家这些年一直在利用这一习性，花费了大量力气从雌蛾体内提取这种性引诱剂，并将其用于在昆虫栖息地边缘布置的陷阱中。然而，这种方法成本高昂，尽管在东北各州有大量虫害蔓延情况的报告，但可供提取材料的舞毒蛾并不多，因此需要从欧洲进口雌蛹进行人工收集，有时每只雌蛹的成本高达 0.5 美元。因此，当农业部的化学家经过多年努力成功分离出这种引诱剂时，这无疑是一项重大突破。随后，科学家利用蓖麻油的成分成功合成了一种类似的人工物质。这种物质不仅能够欺骗雄蛾，甚至与天然引诱剂一样有效，仅仅 1 微克就足以作为捕捉雄蛾的有效诱饵。

这一发现的意义远超学术层面，因为这种新型且经济实惠的舞毒蛾引诱剂不仅可以用于调查操作，还可以用作控制措施。目前，几种更具吸引力的可能性方案正在测试中。例如，在一项可称为“心理战”的实验中，将引诱剂与颗粒材料结合，并通过飞机投放在目标区域。其目的是混淆雄蛾的嗅觉，改变其正常行为，使其无法找到通向雌蛾的真实气味线索。此外，这类研究还进一步尝试欺骗雄蛾与假雌蛾交配。在实验室中，只要木片、蛭石或其他小型无生命物体涂有引诱剂，雄蛾便会尝试交配。虽然这种将交配本能误导至无效对象的防治方法是否能真正减少种群数量尚需测试，但这种可能性很有意思，值得尝试。

舞毒蛾引诱剂是第一个人工合成的昆虫性引诱剂，但其他昆虫的引诱剂可能很快会被开发出来。目前正在研究几种农业昆虫，以寻找人类可以模仿的引诱剂，其中，对小麦瘿蚊和烟草天蛾的研究已经取得了有效的进展。

此外，将引诱剂与毒药结合使用的实验正在针对几种昆虫进行。例如，政府部门的科学家开发了一种名为甲基丁香酚的引诱剂，这种引诱剂对东方果蝇和瓜蝇的雄性都有着不可抗拒的引诱力。在距离日本南部 450 英里的小笠原群岛上，已经对这种引诱剂与毒剂的组合进行了测试。将这两种化学物质用小块纤维板浸渍，然后通过空投使其分布到一系列相邻的岛屿上，以吸引并杀死雄蝇。这个“雄性歼灭”计划始于 1960 年，一年后，农业部估计该地昆虫种群减少了 99% 以上。与传统的杀虫剂喷洒相比，这种方法具有显著优势。毒药（一种有机磷化学物质）仅施用在纤维板上，不太可能被野生动物摄食，其残留物也会迅速消散，因而不会对土壤和水造成潜在的污染。

然而，昆虫世界中的交流并非全靠引诱或驱赶的气味进行，声音同样可以发出警告或诱惑。某些飞蛾能听到蝙蝠飞行时发出的持续超声波（这种超声波如同雷达系统，引导蝙蝠在黑暗中穿梭），从而躲避被捕食。寄生蝇靠近时的振翅声会对某些锯蝇的幼虫发出警报，它们聚集在一起以获得保护。另一方面，某些蛀木昆虫发出的声音能让寄生虫找到它们。而对于雄蚊来说，雌蚊的振翅声就如同一首迷人的歌曲。

昆虫能辨别声音并做出响应的能力可以有怎样的用处呢？虽然目前还处于实验阶段，但有趣的是，用雌蚊飞行声音的回放录音来吸引雄蚊，已取得了初步成功——雄蚊被吸引到通电的网格上，从而被杀死。在加拿大，正在测试超声波脉冲对玉米螟和夜蛾的驱赶效果。夏威夷大学的两位动物声音研究专家——休伯特·弗林斯教授和梅布尔·弗林斯教授，认为通过声音影响昆虫行为的田野方法是可行的，关键在于找到“钥匙”来解锁和应用这个大型知识宝库，从而了解昆虫声音是如何产生和接收的。他们指出，使用驱赶声音可能比使用引诱声音具有更大的潜力。弗林斯夫妇为世人所知是因为他们发现椋鸟在听到同伴求救录音后会惊恐四散，也许这一事实中就隐藏着可以应用于昆虫的原理。对于实业家来说，这些可能性已经足够真实，因此至少有一家大型电子公司正准备建立实验室进行测试。

声音也作为直接破坏的工具在被测试。超声波可以杀死实验罐中的所有蚊子幼虫，但同样会杀死其他水生生物。在其他实验中，丽蝇、粉虫和黄热病蚊子在几秒钟内就被空气中的超声波杀死了。所有这些实验都是朝着全新的昆虫控制概念迈出的第一步，电子学的奇迹有一天可能使这些成为现实。

这种新的生物昆虫控制方法并非完全依赖于电子学、伽马射线和人类发明的其他产物。它的一些方法有着古老的根源，基于这样的知识：昆虫和我们一样，也会生病。细菌感染像古代的瘟疫一样在昆虫群体中肆虐，在病毒的侵袭下，昆虫会大量生病并死亡。早在亚里士多德时代之前，人们就已经知道昆虫会生病；中世纪的诗歌中就提到过蚕的病害。而正是通过对这种昆虫疾病的研究，巴斯德才首次理解了传染病的原理。

昆虫不仅受到病毒和细菌的困扰，还受到真菌、原生动物、微小蠕虫以及其他所有来自看不见的微小生命世界的生物的困扰，这些生命大体上可以看作是人类的朋友。微生物不仅包括致病生物，还包括那些分解废物，以及使土壤肥沃并参与无数生物过程（如发酵和硝化）的生物。既然如此，为什么它们不能帮助我们控制昆虫呢？

19 世纪的动物学家埃利·梅奇尼科夫是最早设想利用微生物的人之一。在 19 世纪末和 20 世纪上半叶，微生物控制昆虫问题的想法逐渐成形。首次确凿证据表明，通过将疾病引入昆虫生活的环境中可以控制这种昆虫，是在 20 世纪 30 年代末发现并使用牛奶病控制日本金龟子。这种牛奶病是由属于芽孢杆菌属的细菌孢子引起的。这个经典的细菌控制案例在美国东部有着悠久的使用历史，本书第七章中有过阐述。

目前，人们对另一种芽孢杆菌属细菌的测试寄予厚望，那就是苏云金芽孢杆菌。该细菌于 1911 年在德国图林根省被首次发现，其会导致面粉蛾幼虫发生致命的败血症。这种细菌实际上是通过毒害而非引发疾病来杀死害虫。在其营养菌丝中，除了形成孢子，还形成了由蛋白质组成的奇特晶体，这种蛋白质对某些昆虫尤其是鳞翅目蛾类的幼虫具有高度毒性。幼虫在食用沾有这种毒素的叶片不久后就会瘫痪、停止进食，并迅速死亡。从实用角度看，幼虫停止进食这一点是很好的，因为将病原体应用到作物上，作物损害几乎可以立即停止。目前，美国多家公司正在生产含有苏云金芽孢杆菌孢子的化合物，这些产品以不同的商品名被销售。在多个国家也正在进行田间测试：在法国和德国，被用于防治菜粉蝶幼虫；在南斯拉夫，被用于防治美国白蛾；在苏联，被用于防治一种天幕毛虫。在巴拿马，自 1961 年开始的测试表明，这种细菌杀虫剂可能是香蕉种植者解决一个或多个严重问题的答案。根蛀虫是当地一种严重的害虫，它削弱了香蕉树的根部，使树木容易被风吹倒。尽管狄式剂曾是唯一对根蛀虫有效的化学物质，但施用狄氏剂已带来了一连串的灾难。根蛀虫正变得具有抗药性，同时，这种化学物质也破坏了一些重要的害虫天敌，导致一种小而结实的蛾类（卷叶蛾）幼虫数量增加，而这些幼虫会使香蕉表面留下伤痕。我们有理由希望这种新的微生物杀虫剂可以同时消灭卷叶蛾和根蛀虫，且不会破坏自然的生态控制。

在加拿大和美国东部的森林中，细菌杀虫剂可能是解决诸如蚜虫和舞毒蛾等森林昆虫问题的重要方法之一。1960 年，两国开始使用一种苏云金芽孢杆菌的商品制剂进行田间测试，一些早期结果鼓舞人心。例如，在佛蒙特州，细菌控制的最终效果与施用 DDT 一样好。当前的主要技术问题是寻找一种载体溶液，使细菌孢子能够附着在常绿植物的针叶上。在农作物上这不是问题，甚至还可以使用粉尘剂。细菌杀虫剂已被广泛施用于各种蔬菜上，特别是在加利福尼亚州。

与此同时，也有其他研究围绕病毒展开，尽管可能不如上述研究那么引人注目。在加利福尼亚州的幼苜蓿田里，到处都在喷洒一种对苜蓿毛虫来说堪比任何杀虫剂的破坏性物质——一种含有病毒的溶液。该病毒是从感染了这种极具毒性的疾病而死亡的毛虫体内获得的，仅仅五只感染病毒死亡的毛虫就能提供足够的病毒来处理一英亩的苜蓿。在加拿大的一些森林中，一种能够感染松树锯蝇的病毒已被证明在控制害虫方面非常有效，现已取代了杀虫剂。

捷克斯洛伐克的科学家正在尝试使用原生动物对抗结网毛虫和其他害虫。而在美国，已发现一种原生动物寄生虫能够降低玉米螟的产卵能力。

对于某些人来说，“微生物杀虫剂”一词可能会让他们联想到可能危及其他生命形式的细菌战。但事实并非如此。与化学制剂相比，昆虫病原体除了对其要作用的对象有害，对其他生物都是无害的。昆虫病理学领域的权威爱德华·斯坦豪斯博士明确表示：“没有确凿记录的实例表明真正的昆虫病原体曾在实验或自然条件下引起脊椎动物的感染性疾病。”昆虫病原体具有极高的特异性，只感染少数几种昆虫，有时甚至仅限于一个物种。从生物学角度来看，它们不属于能引发高等动物或植物疾病的那类微生物。此外，正如斯坦豪斯博士所指出的那样，自然界中昆虫疾病的暴发总是局限于昆虫本身，不会影响宿主植物或以这些昆虫为食的动物。

昆虫有许多天敌，不仅包括各种微生物，还包括其他昆虫。第一个控制昆虫的生物学办法——鼓励其天敌的发展以控制昆虫的发展，总的来说应归功于1800年的伊拉斯谟斯·达尔文。因为这可能是最早广泛实践的生物防治方法，利用一种昆虫对抗另一种昆虫的方法被错误但广泛地认为是化学药剂的唯一替代品。

在美国，传统生物防治的真正开端可追溯到1888年。当时，阿尔伯特·科贝勒成为首批致力于寻找害虫天敌的昆虫学探险家之一，他前往澳大利亚寻找棉垫蚧的天敌来控制这个对加利福尼亚州柑橘产业构成威胁的昆虫。如第十五章所述，这次任务取得了极大的成功。在随后的一百年中，昆虫学家在世界各地搜索，以寻找能控制那些不请自来的害虫的自然天敌。总共有约100种引入的捕食者和寄生虫在美国成功定居。除了科贝勒引入的澳洲瓢虫，其他引入的天敌也取得了显著成效。例如，从日本引入的一种黄蜂彻底控制了危害东部苹果园的一种害虫；苜蓿斑蚜的几种天敌被意外从中东引入，挽救了加利福尼亚的苜蓿产业；寄生性和捕食性昆虫对舞毒蛾实现了良好的控制；而寄甲蜂对防治日本金龟子也有显著效果。对介壳虫和粉蚧的生物防治每年为加利福尼亚节省了数百万美元。实际上，据加利福尼亚的一位顶级昆虫学家保罗·德巴赫博士估计，该州在生物防控方面投入400万美元，获得了价值1亿美元的回报。

全球约40个国家都有通过引入害虫天敌来成功控制严重虫害的案例。这种控制方法相较于化学药剂的优势显而易见：成本相对低廉、效果持久、不留下有毒残留物。然而，生物防控计划却因缺乏支持而受到影响。在美国，加利福尼亚几乎是唯一一个拥有正式生物防控计划的州，而许多州甚至没有一位专职研究生物防控的昆虫学家。也许正因为缺乏支持，利用昆虫天敌的生物防控计划并不总是以它所需的科学严谨性进行——很少有目标昆虫种群的精确研究，释放天敌的操作也不够精确，而这种精确性可能会影响生物防控的成败。

捕食者和被捕食者并非孤立存在，而是广阔生命之网的一部分，所有相关因素都需要纳入考虑。或许在森林中，传统生物防控方式的应用机会更多。现代农业的农田是高度人工化的，与自然界的设定完全不同，但森林却截然不同，更接近自然环境。在这里，只需人类提供最少的帮助并尽量减少干预，大自然便能自行建立起那套奇妙而复杂的制衡体系，从而保护森林免受昆虫的过度侵害。

在美国，林业工作者似乎主要将生物防控局限于引入昆虫寄生虫和捕食者。而加拿大人的视角更为开阔，一些欧洲国家的人则走得更远，将“森林卫生学”这一科学发展到令人叹为观止的程度。在欧洲林业工作者看来，鸟类、蚂蚁、森林蜘蛛和土壤细菌与树木一样，都是森林的一部分。他们在新建森林时，会特意将这些保护因素引入其中，鼓励鸟类栖息是首要步骤之一。在现代集约化林业时代，老旧的空心树木消失了，与之一起消失的还有啄木鸟和其他树栖鸟类的栖息地。为弥补这种不足，人们设置了人工鸟巢，将鸟类吸引回森林。还有专门设计的巢箱供猫头鹰和蝙蝠使用，让它们能够在夜晚接替白天的小鸟完成捕食昆虫的工作。

但这只是开始。在欧洲森林中，一些最引人入胜的昆虫防控工作是用森林红蚁作为攻击性害虫的捕食者，遗憾的是，这种红蚁并未在北美出现过。大约 25 年前，德国维尔茨堡大学的卡尔·戈斯瓦尔德教授开发了一种培育红蚁并建立蚁群的方法。在他的指导下，德国约 90 个试验区内建立了超过 10000 个红蚁群体。意大利和其他国家采用戈斯瓦尔德博士的方法，建立了红蚁养殖场，以供各林区散布蚁群用。例如在亚平宁山脉，已设置有数百个蚁巢用于保护重新造林的地区。

“当你的森林中同时拥有鸟类和蚂蚁的保护，再加上一些蝙蝠和猫头鹰时，生物平衡就已经得到了显著改善。”德国梅尔恩的林业官员海因茨·鲁普雷茨霍芬博士说道。他认为，单一引入捕食者或寄生虫不如引入树木的一系列“自然伴侣”，那样能够更有效地实现生态平衡。

在穆林的森林中，为了保护新的蚁群免受啄木鸟侵害，人们使用了铁丝网。这样一来，某些试验区内在 10 年间数量增长了 400% 的啄木鸟并未对蚁群造成严重破坏，反而因捕食为害树木的毛毛虫而做出了贡献。照顾蚁群（以及鸟巢箱）的许多工作由当地学校 10 ～ 14 岁的孩子组成的青少年队伍承担，保护的成本极其低廉，而森林则获得了长期保护。

鲁普雷茨霍芬博士的另一个极有趣的研究亮点是对蜘蛛的使用，在这方面他是一个先驱。尽管关于蜘蛛分类和自然史的文献很多，但这些资料分散且零碎，并未涉及蜘蛛作为生物控制因素的价值。在已知的 22000 种蜘蛛中，有 760 种是德国本土的（美国大约有 2000 种），德国森林中生活着 29 科蜘蛛。

对于林业工作者来说，蜘蛛最重要的特性是它们编织的网的类型。其中，轮网蜘蛛尤为重要，因为它们织的一些网网眼极其细密，能够捕捉所有飞行昆虫。十字蜘蛛织出的一个大网（直径可达 16 英寸）的线条上布满约 12 万个黏性结节。一只蜘蛛在其 18 个月的生命周期中平均可以消灭约 2000 只昆虫。一个生态健全的森林每平方米应有 50 ～ 150 只蜘蛛。如果蜘蛛数量不足，可以通过收集并散布含有蜘蛛卵的袋状茧来弥补。“三只黄蜂蜘蛛的茧（这种蜘蛛在美国也有）可以产生 1000 只蜘蛛，这些蜘蛛能够捕获 20 万只飞行昆虫。”鲁普雷茨霍芬博士说。他还指出，在春季孵化的轮网蜘蛛幼体尤为重要，“它们协作编织出一把覆盖在树木顶端新芽上的‘网伞’，从而保护新芽免受飞行昆虫的侵害”。随着蜘蛛的蜕皮和生长，这些网会逐步扩大。

加拿大生物学家进行了类似的研究，但由于北美的森林大多是自然生长的而非人工种植的，以及用于协助维持森林健康的物种有所不同，因此研究内容也有所差异。在加拿大，小型哺乳动物是研究重点，因为它们在控制某些昆虫方面非常有效，特别是那些生活在森林地表下松软土壤中的昆虫。例如，锯蝇（因雌性的产卵器呈锯齿状而得名）用产卵器划开常绿树的针叶以产卵，孵化后的幼虫最终会掉落到地面，在落叶松沼泽的泥炭中或云杉、松树下的腐殖质中形成茧。然而，在森林地表之下是一个由白足鼠、田鼠和鼩鼱等小型哺乳动物挖掘的隧道交织的世界。在这些小型挖掘者中，贪吃的鼩鼱找到并吃掉了最多的锯蝇茧。它们用前脚按住茧，将茧的一端咬掉，它们甚至具有辨别完好茧和空茧的非凡能力。由于其旺盛的食欲，鼩鼱在食量上无人能及。一只田鼠一天能吃掉约 200 个茧，而一只鼩鼱根据种类不同每天可能吞食多达 800 个茧！实验室测试表明，这可能使 75% ～ 98% 的锯蝇茧被消灭。

因此，没有本土鼩鼱的纽芬兰岛，因饱受锯蝇困扰而迫切渴望得到这些小型高效的哺乳动物就不足为奇了。在 1958 年，该岛尝试引入面具鼩鼱，这是最有效的锯蝇捕食者。加拿大官员在 1962 年报告称，这一尝试已取得成功。鼩鼱种群在岛上繁殖并扩散，在离释放点 10 英里远的地方已发现了一些带有标记的鼩鼱。

因此，对于愿意寻找能够维护并加强森林自然关系的长期解决方案的林业工作者来说，有一整套武器可供选择。在森林中，用化学药剂防治害虫充其量只是权宜之计，并不是真正的解决方案。在最糟糕的情况下，这些药剂会杀死森林溪流中的鱼类，引发昆虫灾害，破坏天然的控制机制以及我们正努力引入的控制机制。鲁普雷茨霍芬博士说，这些暴力措施让“森林的生命伙伴关系完全失衡，而寄生虫造成的灾难以越来越短的间隔重复发生……因此，我们必须结束这些非自然的操控，不要让这种操控影响我们最重要的、几乎也是最后剩下的自然生存空间”。

所有这些新颖、富有想象力和创造性的方法，用它们来解决与地球上其他生物共享的问题，在此过程中贯穿着一个恒定的主题，即必须意识到我们正在与生命打交道，与活生生的种群、它们经受的所有压力和反压力、它们的兴盛与衰败打交道。只有考虑到这些生命力量，并谨慎地将它们引导到对我们有利的方向，我们才有希望在人类与昆虫群落的关系中达成合理的平衡。

当前使用化学制剂这一流行做法完全忽视了这些最基本的考量。化学武器就像原始人用的棍棒一样粗暴，被用来对抗生命结构——一方面脆弱而易被破坏，另一方面却奇迹般地坚韧且具有反弹能力，能够以意想不到的方式回击。化学控制的实践者完全忽视了这些生命的非凡能力，他们对所涉的巨大力量没有敬畏之心，也没有谦卑之心。

“控制自然”这个充满傲慢的表述，诞生于生物学与哲学的尼安德特时代，当时人们认为自然的存在是为了方便人类。应用昆虫学的理论和实践大多起源于科学的石器时代。令人忧虑的是，这种原始的科学思想如今却装备了最先进、最可怕的武器，而我们在用这些武器对抗昆虫的同时，也在对抗着我们赖以生存的地球。